BASTEI
LÜBBE

Joachim Rehork

Sie fanden, was sie kannten

Archäologie als Spiegel der Neuzeit

BASTEI LÜBBE

BASTEI-LÜBBE-TASCHENBUCH
Band 64 082

Lizenzausgabe: Gustav Lübbe Verlag GmbH, Bergisch Gladbach
Printed in West Germany: Januar 1989
Einbandgestaltung: Ratschinski & Ratschinski
Titelfoto: Zefa
Satz: Koenig, Köln
Druck und Bindung: Ebner Ulm
ISBN 3-404-64082-9

Der Preis dieses Bandes versteht sich einschließlich der gesetzlichen Mehrwertsteuer

Über den Autor:

Joachim Rehork, geboren 1930 in Pethau (Sachsen), studierte ab 1954 an der Freien Universität Berlin Alte Geschichte, klassische Philologie und byzantinische Geschichte. Bereits damals betätigte er sich als freier Verlagsmitarbeiter und verfaßte mehrere wissenschaftliche Beiträge zu Werken seines Lehrers, des Berliner Althistorikers Franz Altheim. Nach der Promotion zum Dr. phil., 1964, setzte Rehork seine Tätigkeit als freier Autor und Übersetzer fort. Erschienen sind von ihm inzwischen fünf eigene Archäologiebücher sowie mehr als hundert Übersetzungen.

Die Tradition von heute ist der Fortschritt von gestern

Etwa zehn Kilometer östlich von Düsseldorf liegt bei Mettmann das wildromantische Neandertal. Es handelt sich um einen Abschnitt des Tales der Düssel, der seinen Namen dem reformierten Theologen und Kirchenliederdichter Joachim Neander (1650-1680) verdankt. Joachim Neander hielt sich hier besonders gern auf, und vielleicht dichtete er hier sogar eines seiner bekanntesten Lieder, »Lobe den Herren, den mächtigen König der Ehren«. Rund zweihundert Jahre nach Neanders Lebzeiten räumten hier zwei Arbeiter eine Höhle aus: die Kleine Feldhofer Grotte. Den Abraum, den sie aus der Höhle herausschaufelten, kippten sie einfach hinab ins Tal. Eines Tages stießen sie dabei auf Gebeine. Auch diese, ein Schädeldach und Rippenbruchstücke, warfen sie wie alles andere ins Tal hinunter. Just in dem Augenblick erschien der Besitzer des Steinbruchunternehmens, in dessen Auftrag die beiden die Höhle ausräumten, auf der Bildfläche. Er befahl, sämtliche Knochen aufzubewahren und auch die bereits zum Abraum geschütteten Skelettbruchstücke wieder herauszusuchen.

Damals war viel von Höhlenbären die Rede. Zwar kannte man schon seit 1738 die noch heute übliche

Einteilung der Urgeschichte in Stein-, Bronze- und Eisenzeit. In jenem Jahr hatte der französische Gelehrte Antoine-Ives Goguet (1716-1758) geäußert: »Zuerst verwendete man Bronze, später erst Eisen [. . .] ganz zuerst aber Steine, Feuersteingeröll, Knochen, Horn, Fischgräten, Muschelschalen [. . .] für all das, wofür zivilisierte Menschen heute Metall verwenden«, und 1768 hatte der anglikanische Bischof Lyttelton von Carlisle (England) ihm zugestimmt. Das sogenannte Dreiperiodensystem hatte 1816 bis 1819 bei der Ordnung des Kopenhagener Nationalmuseums durch den dänischen Gelehrten Christian Jürgensen-Thomsen (1788-1865) sogar schon praktische Anwendung gefunden. Doch immer noch experimentierte man daneben mit anderen Einteilungen, und es fehlte nicht an Archäologen, die vorgeschichtliches Fundmaterial nicht nach archäologischen »Leitformen« (schichttypischen Geräteformen), sondern entsprechend dem Vorbild der Geologie nach »Leitfossilien« (den die eigentlichen archäologischen Funde begleitenden Tierüberresten) in »Höhlenbärenschichten«, »Rentierschichten« und dergleichen mehr untergliederten.

Höhlenbären waren also im Gespräch, und tatsächlich glaubte der Steinbruchbesitzer, man sei auch im Neandertal auf Höhlenbärenknochen gestoßen. Sein Kompagnon meldete den Fund daher Ende August 1856 dem Elberfelder Gymnasialprofessor Johann Carl Fuhlrott (1804-1877). Als Fuhlrott schließlich im Neandertal eintraf, war die Kleine Feldhofer Grotte bereits ausgeräumt. Den ins Tal hinabgeschütteten Abraum hatte man längst beseitigt. Dennoch gelang Fuhlrott der Nachweis, daß man es mit einem Menschenskelett und nicht mit Bärenüberresten zu tun hatte. Denn immerhin konnte er das Schädeldach, einen Teil des rechten Schulterblattes, des rechten Schlüsselbeins, fünf Rippenbruchstücke, den rechten Oberarmknochen, den (beschädigten) linken Oberarmknochen, den rechten Speichenknochen, die teilweise beschädigten Unterarmknochen, die linke Beckenhälfte sowie die beiden Oberschenkelknochen sicherstellen – genug, um zu erkennen, daß er ein Menschenskelett vor sich hatte, das einerseits zwar offensichtlich Verletzungen oder Krankheitsspuren aufwies, andererseits aber auch typmäßig von den Skeletten heutiger Menschen erheblich abwich. Fuhlrott hatte den Neandertaler entdeckt.

Doch von einem Neandertaler sprach man zunächst einmal noch nicht. Vielmehr begann ein großes Rätselraten. Alle Welt zerbrach sich den Kopf darüber, was das wohl für ein Mensch gewesen sein mochte, dessen Knochen man in der Kleinen Feldhofer Grotte gefunden hatte. Gelehrte aus Bonn, Göttingen und Paris meldeten sich zu Wort und schrieben die neuentdeckten Menschengebeine aus dem Neandertal einem 1814 gefallenen Kosaken, einem in der Feldhofer Grotte umgekommenen Niederländer oder – immerhin! – einem »alten Kelten« zu. Berühmt wurde vor allem die »Fehldiagnose«, die der bekannte Berliner Pathologe Rudolf Virchow (1821-1902) stellte. Virchow erklärte, bei dem Skelett aus dem Neandertal handle es sich um Überreste eines gichtbrüchigen Greises, ja eines »pathologisch Schwachsinnigen«. Man hat dies belächelt – und hatte doch gar kein Recht dazu. Denn Virchow vertrat nur den Standpunkt der Wissenschaft seiner Zeit, die von Neandertalern noch nichts wußte. Er beherrschte wie kein zweiter das biologisch-anthropologische Wissen seiner Zeit und versuchte lediglich, den aus dem Rahmen fallenden Knochenfund aus dem Neandertal mit seinem Wissen in Einklang zu bringen, ohne den sicheren Boden des Bekannten verlassen und sich in die ungewissen Bereiche der Spekulation vorwagen zu müssen. Mit anderen Worten: Ehe er den Weg gedanklicher Experimente ging, versuchte er, das entdeckte Gebein auf eine Weise zu erklären, die den Rahmen des als wissenschaftlich gesichert Geltenden nicht sprengte. Schließlich hatte Fuhlrott nur diesen einen Fund vorzuweisen, und aufgrund eines einzigen Fundes den Anspruch zu erheben, eine – wie der Fachausdruck heißt – neue »taxonomische Rasse« entdeckt zu haben, wäre damals genauso gewagt gewesen wie heute.

Hier ist eine Richtigstellung vonnöten. Im Hinblick auf seinen »Diagnose«-Irrtum in Sachen Neandertaler fühlten sich immer wieder Schreiber von Archäologiesachbüchern veranlaßt, Rudolf Virchow als Repräsentanten einer durch und durch konservativen, wenn nicht reaktionären Haltung anzuprangern, der jedem wissenschaftlichen Fortschritt abhold gewesen sei. Dies trifft in keiner Weise zu. Vielmehr zeichnete sich Virchow sowohl als Wissenschaftler wie als Politiker durch überaus weit gespannte Interessen, außergewöhnliche Aufgeschlossenheit und starkes persönliches Engagement aus. Als Mediziner begründete er die Zellularpathologie und wurde so zum Vater der modernen

Gewebsforschung (Histologie), als Anthropologe war er mindestens Mitbegründer der modernen Vorgeschichtsforschung; lange galt er sogar als einer der führenden Vorgeschichts-Archäologen Deutschlands. Virchow führte eigene Ausgrabungen durch, so beispielsweise in der Einhornhöhle bei Scharzfeld im Südharz und in der Balver Höhle im Hönnetal, südwestlich von Iserlohn. 1879 nahm er auch an Heinrich Schliemanns Grabungen in Troja teil. Tatsächlich war Virchow einer der wenigen Gelehrten in Deutschland, die Heinrich Schliemann ernst nahmen und seine Bedeutung erkannten. Daß Schliemann 1881 die Berliner Ehrenbürgerwürde erhielt und seine Sammlung trojanischer Altertümer dem damaligen Berliner Museum für Vor- und Frühgeschichte schenkte, ist nicht zuletzt Virchow zu verdanken, ohne den Berlin nicht die Museumsstadt geworden wäre, die es bis heute ist. Und als liberaler Politiker und Reichstagsabgeordneter der von ihm gegründeten liberalen Deutschen Volkspartei trat Virchow energisch gegen die Beschneidung der Rechte des Individuums durch den Staat Bismarckschen Zuschnitts ein. Er war es, der in einer Rede vor dem Reichstag am 17. Januar 1873 den Begriff »Kulturkampf« für Bismarcks Politik gegenüber der katholischen Kirche prägte, eine Bezeichnung, unter der diese Politik in die Geschichte eingehen sollte. Kurzum, Rudolf Virchow war keineswegs jener verkalkte, phantasielose Rauschebart, als den ihn manche Autoren wegen seines Neandertaler-Mißgriffs hinstellen. Er war ganz einfach Wissenschaftler und wollte zunächst alle Möglichkeiten im Rahmen des Geläufigen ausschöpfen. So *fand er* angesichts der

Knochen aus dem Neandertal nur, *was er kannte:* einen Gichtbrüchigen, einen pathologisch Schwachsinnigen. Im übrigen werden wir ihm noch in anderem Zusammenhang begegnen.

Die Gegenposition zu Virchow und anderen Skeptikern nahmen Fuhlrott, Hermann Schaaffhausen und Thomas Henry Huxley ein. Sie ließen sich auf das Wagnis ein, aufgrund eines einzigen Skelettfundes von einem bislang gänzlich unbekannten prähistorischen Menschentyp zu sprechen. Daß sie schließlich recht behielten, ist eine Sache für sich. Doch auch sie hatten keine höhere Erleuchtung, sondern waren in eine seinerzeit schon recht alte Tradition eingebunden. Und diese Tradition ging, so seltsam es klingt, auf die Entdeckung Amerikas durch Christoph Kolumbus zurück. Dies allerdings bedarf der Erklärung.

Amerikas Entdeckung war eine Art »Qualitätssprung«. Als Kolumbus am 28. Oktober 1492 Kuba und am 6. Dezember desselben Jahres Haiti entdeckte, war er überzeugt, in Indien gelandet zu sein. Auf seine Weise fand auch er, was er kannte und was er gesucht hatte – zumindest glaubte er, es gefunden zu haben. Erst der italienische Seefahrer Amerigo Vespucci (1451-1512), der von 1497 bis 1504 vier Amerikareisen unternahm, gelangte zu der Überzeugung, der Kontinent, von dem er ausgedehnte Küstenstreifen entdeckt hatte, könne nicht Indien sein, sondern es müsse sich um einen bisher unbekannten Erdteil mitten zwischen Europa und Indien handeln. Diese Erkenntnis war nicht Frucht einer blitzartigen Eingebung, sondern beruhte letztlich auf der Auseinandersetzung mit geographischen Theorien, die bereits seit dem Altertum im Umlauf waren. Aber in einer Welt, deren Richtschnur die auf die Bibel zurückgehenden Glaubenslehren namentlich der katholischen Kirche waren, schlug sie wie eine Bombe ein. Die bisher so festgefügte Einheit von Theologie und Wissenschaft erhielt einen nicht mehr zu kittenden Riß. Denn auch die neuentdeckte »Neue Welt« war von Menschen bewohnt, und man stellte allen Ernstes die Frage, ob auch diese Menschen Anteil an dem Heil hätten, das nach kirchlicher Lehre allein aus der Erlösungstat Christi kam. Eine solche Frage stellen zu müssen bedeutete für die Menschen des ausgehenden 15. und des beginnenden 16. Jahrhunderts weit mehr, als wir uns heute vorstellen können. Sie hieß: Man war auf Menschen getroffen, von denen nichts in der Bibel stand. Mit dieser Tatsache mußte man sich auseinandersetzen. Gewiß fehlte es nicht an den bizarrsten Versuchen, die Lehren der Bibel mit dem, was man in der Neuen Welt mit eigenen Augen sah, zu versöhnen. Beispielsweise suchten leichtgläubige Gemüter Amerikas Ureinwohner zu Angehörigen jener Stämme Israels zu machen, die seit der Eroberung Samarias durch die Assyrer, um 721 v. Chr., in der Bibel unerwähnt geblieben waren. Doch solche Versuche blieben auf Außenseiter und Schwarmgeister beschränkt. Zu tief saß der Schock, den die Entdekkung Amerikas dem zuvor an der christlichen Theologie orientierten Gebäude der europäischen Wissenschaft versetzt hatte.

Dieser Schock förderte letztlich die Entstehung einer von der Bibel gelösten, emanzipierten Wissenschaft, deren Vertreter nur noch an der Frage interessiert waren, wie es einst *wirklich* gewesen war, nicht wie es nach der Bibel und anderweitigen Glaubenslehren hätte sein sollen. Mehr noch: Seit der Entdekkung Amerikas wußte man, daß es Menschen gab, die mit Steinwerkzeugen arbeiteten. Dies ermöglichte es den Gelehrten zu erkennen, daß ähnliche steinerne Objekte, die man in Europa gefunden und bisher für vom Himmel gefallene »Donnerkeile« gehalten hatte, ebenfalls Werkzeuge gewesen sein konnten. Und alsbald begann man zu ahnen, daß die Menschen, die solche Werkzeuge benutzt hatten, vor langer Zeit gelebt haben mußten – vor viel längerer Zeit, als die Bibel, wenn man sie wörtlich nahm, zuließ.

Auch dies rüttelte an den Grundfesten einer bibelhörigen Wissenschaft. Noch der Reformator Martin Luther hatte das Jahr 4000 vor der christlichen Zeitrechnung als Zeitpunkt der Weltschöpfung angesehen. Andere, für welche die Bibel gleichfalls der Quell allen Wissens war, schlugen abweichende Zeitansätze vor, die allerdings samt und sonders in der Nähe der von Luther angenommenen Zeitmarke lagen. Vor allem bevorzugte man das Jahr 4004 v. Chr., weil der Astronom Kepler in der christlichen Zeitrechnung einen Irrtum von vier Jahren entdeckt hatte. So verlegte der Cambridger Gelehrte Dr. John Lightfoot 1642 die Erschaffung des Menschen auf den Morgen, Punkt 9 Uhr, des 23. Oktober 4004 v. Chr., während 1650 für den anglikanischen Bischof James Ussher der 28. Oktober 4004 v. Chr., ein Freitag, Tag der Weltschöpfung war. Fundamentalistische Sekten, welche die Bibel strikt beim Wort nehmen, verkünden dergleichen noch immer.

Dieser Zeitansatz wurde jedoch nicht mehr unwidersprochen hingenommen. Der erste Gelehrte freilich, der nur fünf Jahre nach Ussher die Ansicht vertrat, die Menschheit müsse sehr viel älter sein als von Lightfoot und Ussher angenommen, der aus Bordeaux stammende Isaac de la Peyrère, kam noch in Konflikt mit der Inquisition. Man zwang ihn zum Widerruf, und sein Buch wurde in Paris öffentlich verbrannt. Doch ganz allmählich setzte sich die Überzeugung durch, nicht nur die Erde insgesamt, sondern auch die Menschheit müsse ein wesentlich höheres Alter haben, als man bisher geglaubt hatte. Diese Erkenntnis verdankte man den Geologen, die immer besser die Sprache der von ihnen untersuchten Bodenschichten zu entziffern lernten, in denen ja die Hinterlassenschaft der Urzeitmenschen eingeschlossen war. So warf man immer mehr »biblische Eierschalen« ab. Hatte man anfangs Menschen sehr früher Zeit noch als »Prä-Adamiten« sowie fossile Urzeit-Überreste als »antediluvianisch«, als »vorsintflutlich« bezeichnet und damit noch selbst in der Kritik der Bibel einen gewissen Respekt gezollt, so warf man allmählich auch diese Terminologie über Bord. Vor allem der britische Jurist und Geologe Sir Charles Lyell (1797-1875) setzte nach den Worten seiner Schwägerin, die 1894 seine Lebensbeschreibung veröffentlichte, alles daran, »die Naturwissenschaft von Moses zu befreien«. In den Jahren 1830 bis 1833 publizierte Lyell sein Hauptwerk *Principles of Geology*, das schon 1833/1834 unter dem Titel *Lehrbuch der Geologie* auch in deutscher Sprache erschien. Der Untertitel weist es als »Versuch« aus, »frühere Veränderungen der Erdoberfläche aus noch heute wirkenden Ursachen zu erklären«. Dies bedeutete die endgültige Absage an jeden sintflutgläubigen Katastrophismus. Nach Lyell konnte sich jeder Archäologe frei fühlen von all den Einengungen, die Rücksichtnahme auf die biblischen Überlieferungen mit sich gebracht hatte.

Während all dies im Gespräch war, fand der französische Zollbeamte Jacques Boucher de Crèvecœur de Perthes (1788-1868) vermeintlich »keltische« Steinwerkzeuge, die bei Abbeville (Nordfrankreich) ans Tageslicht befördert worden waren, als man den Sommekanal ausbaggerte. 1838 veranstaltete er in Abbeville eine Ausstellung dieser Feuersteinartefakte, und ein Jahr darauf präsentierte er sein Material in Paris. Außer den Stücken aus den Kiesen der Somme gehörten auch Funde hierzu, die in Kiesgruben und Steinbrüchen der Umgebung von Abbeville zum Vorschein gekommen waren. 1847 legte Boucher der Öffentlichkeit den ersten Band eines dreibändigen Werkes vor mit dem Titel *Antiquités Celtiques et Antédiluviennes* (»Keltische und vorsintflutliche Altertümer«). Zwar verwendete er weiterhin die Bezeichnung »vorsintflutlich«, doch die Vergesellschaftung von Menschenhand geschaffener Artefakte mit Überresten ausgestorbener Tierarten in den prähistorischen Schichten der Sommekiese ließ nun für die Sintflut im Sinne der Bibel keinerlei Raum mehr. Boucher de Perthes fand allerdings durchaus nicht nur Zustimmung. Ein bekannter französischer Geologe, ein gewisser Dr. Rigollot aus Amiens, führte in Kiesgruben bei Saint-Acheul sogar Ausgrabungen mit dem erklärten Ziel durch, Boucher de Perthes' Aussagen zu widerlegen. Er sah sich indes eines Besseren belehrt und änderte seine Auffassung völlig. In einer 1854 veröffentlichten »Denkschrift über die bei Saint-Acheul gefundenen Feuersteingeräte« (*Mémoires sur les Instruments en Silex trouvées à Saint-Acheul*) legte er nun seinerseits Beweise für die Zeitgleichheit früher Menschen und fossiler Tierarten vor. Auch ein junger französischer Paläontologe namens Albert Gaudry, der ebenfalls in Amiens und Saint-Acheul grub, pflichtete Boucher de Perthes bei.

In diese Zeit fiel der Skelettfund in der Kleinen Feldhofer Grotte im Neandertal. Die erste Beschreibung der von Johann Carl Fuhlrott sichergestellten Knochen lieferte Hermann Schaaffhausen (1816-1893), dem selbstverständlich die enorme Größe, die niedrige Stirn und die mächtigen Überaugenwülste des Schädels nicht entgingen. Nach seiner Meinung handelte es sich um Überreste eines Angehörigen »einer barbarischen und wilden Rasse«, und er sah in ihnen das »älteste Denkmal der frühen Bewohner Europas«. Inzwischen sind in Europa wesentlich ältere Menschenfunde ans Licht gekommen; seinerzeit jedoch hatte Schaaffhausen zweifellos recht.

Rudolf Virchow, der dem »Besitzer« des Skeletts aus dem Neandertal Gichtbrüchigkeit und pathologischen Schwachsinn attestiert hatte, bezog damit eine Position der Vorsicht. Aber auch Schaaffhausen sowie Thomas Henry Huxley (1825-1895), der sich selbst »Darwins Bulldogge« nannte und Schaaffhausen zustimmte, preschten nicht vor, weil sie genialer gewesen wären als Virchow. Der Elberfelder Gymnasiallehrer Fuhlrott, der Archäologe Schaaffhausen und der britische Zoologe Huxley gingen lediglich mit anderen Erwartungen an den Neandertaler-Fund heran. Im Gegensatz zu Virchow, der fand, was er kannte, fanden sie so das, was sie ihrer bewegten Zeit entsprechend *erwarteten*. Daß sie recht hatten, erwies sich erst, als gegen Ende des vorigen Jahrhunderts anderswo weitere Skelette mit gleichen Formeigentümlichkeiten wie das im Neandertal geborgene auftauchten. Zu finden, wofür man bereit und wozu gleichsam »die Zeit reif« ist – dies ist eine wichtige Variante unserer Titelformel »Sie fanden, was sie kannten«, auf die wir nun näher eingehen werden.

Evans und die Minoer

Es war im April 1895. Über Kreta lagen die wärmenden Strahlen der Frühlingssonne. Zwei Männer wanderten südlich von Candia, dem heutigen Herakleion, inseleinwärts. Es waren Engländer, doch den Älteren der beiden, einen drahtigen Mittvierziger von kleiner Statur, hätte man eher für einen Bewohner der Mittelmeerländer halten können. Braunäugig und dunkelhaarig, verkörperte er auch vom Teint her jenen Menschentyp, den man normalerweise eher zwischen Neapel, Piräus und Kairo antrifft als zwischen London, Oxford und Cambridge. Etwas stutzerhaft wirkten sein elastischer, fast hüpfender Gang und sein Spazierstock, den er temperamentvoll durch die Luft wirbelte und von dem er sich nie trennte. Allerdings hatte diese Unzertrennlichkeit nichts mit englischem Spleen zu tun. Der Wanderer brauchte seinen Stock dringend, um sich zu orientieren, denn er war von Geburt an extrem kurzsichtig, fast blind.

Dieser in mancher Hinsicht so unbritisch wirkende Brite war kein anderer als Arthur Evans (1851-1941), der später so gefeierte Entdecker der minoischen Kultur Altkretas.

Vorerst freilich konnte von der Entdeckung der

minoischen Kultur keine Rede sein. Zwar hatte man auf der rund einhundertzwanzig Kilometer nördlich von Kreta liegenden Vulkaninsel Thera (Santorin), dem südlichen Eckpfeiler der Kykladen, beim Abbau von Bimssteinmehl, aus dem man Zement für den in den Jahren 1859 bis 1869 erfolgten Bau des Sueskanals gewann, die ersten Überreste einer Ansiedlung gefunden, die sich später als minoisch herausstellte. Zunächst wußte man diesen Fund jedoch nicht einzuordnen. Noch sprach also niemand von »Minoern« und »minoischer Kultur«, und das leuchtet ein: Was man nicht kennt, kann man nicht finden. Daher hatten die auf Thera entdeckten Mauerreste damals nicht die mindeste Chance, als minoisch identifiziert zu werden. Auch Arthur Evans war keineswegs mit der erklärten Absicht nach Kreta gekommen, die Minoer – diese Bezeichnung prägte er erst später – auszugraben. Sein Anliegen war weitaus bescheidener.

Hier ist ein kurzer Seitenblick auf Evans' beruflichen Werdegang unerläßlich. An die Archäologie war er schon als Kind von seinem Vater, John Evans, herangeführt worden, der die damals übliche Verbindung von Kapital und archäologischem Interesse verkörperte. Seinen Reichtum verdankte John Evans einer gutgehenden Papierfabrik, die von der Einführung der allgemeinen Schulpflicht in England profitierte: Seitdem immer mehr Engländer lesen und schreiben konnten, stieg die Nachfrage nach Briefpapier erheblich. John Evans war indes nicht nur erfolgreicher Unternehmer, sondern gleichzeitig einer der namhaftesten Vorgeschichtler seiner Zeit.

Ab 1868 bereitete sich Arthur Evans zunächst in

Oxford, dann auch in Göttingen auf die Laufbahn eines Privatgelehrten vor, die damals sehr angesehen war und ihm als dem in gesicherten Verhältnissen lebenden Sohn eines wohlhabenden Vaters wie auf den Leib geschnitten schien. Dennoch verlief sein Leben zunächst in anderen Bahnen. Auf Balkanreisen, die sein Studium abrundeten, lernte der junge Evans die Südslawen kennen und lieben. Um sie in ihrem Freiheitskampf gegen Osmanen und Österreicher unterstützen zu können, ließ er sich 1877 als Sonderkorrespondent des liberalen Blattes *The Manchester Guardian* nach Ragusa, dem heutigen Dubrovnik, an die süddalmatinische Küste entsenden, wo er so entschieden die Partei der Unterdrückten ergriff, daß die dortigen österreichischen Behörden ihn am 2. März 1882 auswiesen und fünf Tage später verhafteten. Erst am 23. April 1882 ließ man ihn wieder frei, und er durfte über Venedig nach England zurückreisen.

Zwar hatte Evans schon in den siebziger Jahren eine faktisch resultatlose Ausgrabung in Trier durchgeführt, und auch in Ragusa hatte er zu graben begonnen; aufgrund der politischen Ereignisse war er jedoch an der weiteren Durchführung seines Vorhabens gehindert worden. Archäologische Felderfahrung fehlte ihm daher so gut wie ganz. In den Jahren nach seiner Ausweisung aus Ragusa wandte er sich indessen sehr viel intensiver der Archäologie zu. Als man ihn 1884 zum Kustos des Ashmole-Museums in Oxford ernannte – obwohl ihm nach heutigen Maßstäben jede Qualifikation dafür fehlte –, war dies der eigentliche Beginn seiner archäologischen Karriere. Doch man hatte einen guten Griff getan, denn Evans tat alles, um das Museum, das er bei seinem Amtsantritt als Raritätenkabinett vorfand, zu einer, wie er es nannte, »Heimstatt der Archäologie« zu machen.

Zu diesem Zweck unternahm er ausgedehnte Reisen und sah sich ausgiebig auf den Antiquitätenmärkten Europas um. Archäologische Felderfahrung fehlte ihm allerdings nach wie vor. Immerhin traf er auf seinen Reisen auch mit führenden Archäologiepionieren zusammen, die seinen künftigen Werdegang entscheidend beeinflußten. Zu den Forschern, die Evans damals besonders schätzenlernte, gehörte der italienische Gelehrte Federico Halbherr, dem er erstmals am 3. Februar 1892 begegnete. Halbherr hatte lange auf Kreta gegraben. Er hatte archäologische Stätten aus den Tagen der Griechen und der Römer untersucht, berichtete Evans jedoch auch von noch unerforschten, ungedeuteten Überresten einer viel älteren, vorgeschichtlichen Kultur, von denen Kreta voll sei.

In dieser Weise sensibilisiert, stieß Evans ein Jahr später beim Herumstöbern in Athener Antiquitätenläden auf drei- und viereckige Siegel mit eingravierten Symbolen. Handelte es sich bei ihnen um Zeichen einer noch unbekannten Schrift? Hier sei daran erinnert, daß das 19. Jahrhundert nicht zuletzt das Jahrhundert der Wiederentzifferung alter Schriften war. Schon 1802 hatte der Hannoveraner Gymnasiallehrer und Lyzeumsdirektor Georg Friedrich Grotefend (1775-1853) durch eine in Göttingen vorgelegte Akademieschrift den Grund zur Entzifferung der Keilschrift gelegt.

Auf Inschriften aus Persepolis hatte er die Namen

der Achaimenidenherrscher Dareios und Xerxes sowie das altpersisch Wort für »König« erkannt. Das Jahr 1822 brachte die Wiederentzifferung der altägyptischen Hieroglyphen durch Jean-François Champollion (1790-1832) anhand des 1799 von französischen Soldaten gefundenen Dreisprachensteins von Rosette, und die sorgfältige Untersuchung der Felsinschrift von Behistun, die der britische Konsul in Bagdad, Henry Creswicke Rawlinson (1810-1895), in den Jahren 1835 bis 1847 durchführte, gab der Wissenschaft endgültig den Schlüssel zum Verständnis der Keilschrift in die Hand. So war Evans gewissermaßen darauf vorbereitet, eine ähnliche Entdeckung zu machen. Abermals sah er sich auf Kreta verwiesen, denn aus Kreta, so erklärte ihm der Athener Antiquitätenhändler, stammten die Siegel mit den eingekratzten Zeichen. Keine Frage: Evans mußte dorthin reisen, um dem Ursprung der rätselhaften Zeichen nachzugehen, die ihm so zu denken gaben. Also suchte er die Insel im Frühjahr 1894 und erneut im April 1895 auf. Das eine Mal traf er mit Federico Halbherr zusammen, bei der anderen Unternehmung begleitete ihn ein erst 1893 gewonnener, etwa zwanzig Jahre jüngerer Freund: sein Landsmann John Linton Myres, der später als Prähistoriker Berühmtheit erlangte.

Raschen Schrittes näherten sich die beiden Männer der für ihre Schriftforschungen ausersehenen Stätte, einem flachgewölbten Plateau, das im Norden und im Westen sanft in das umgebende Gelände überging, im Osten und im Süden aber von tief eingeschnittenen Bachbetten begrenzt wurde. Das Plateau lag etwa sechseinhalb Kilometer südlich von

Candia. Sechzehn Jahre zuvor hatte hier ein kretischer Heimatforscher namens Minos Kalokairinos einige riesige antike Vorratskrüge, griechisch Pithoi genannt, ausgegraben. Seitdem hieß das Gelände im Volksmund Sta Pithâra, »Bei den Krügen«; sein eigentlicher Name lautete jedoch Kephála, und uralte Traditionen brachten den Ort mit Knossos in Verbindung, der Residenz des sagenumwobenen altkretischen Königs Minos.

Evans konnte sich indes am Anblick der in der Frühlingssonne vor ihm hingebreiteten Landschaft nicht erfreuen. Infolge seiner starken Sehstörung zählten für ihn nur Details, die er seinen Augen möglichst nahe bringen mußte. Das Ensemble einer Landschaft mit einem Blick zu erfassen war ihm verwehrt. Allerdings mag ihm so mancherlei durch den Kopf gegangen sein, als Myres ihm meldete, Kephála sei in Sicht. Sicher fielen ihm all die Sagen und Legenden ein, die sich um das alte Knossos und seinen König Minos rankten. Später sollte er selbst die Frage aufwerfen, ob Minos tatsächlich ein Königs*name* oder nicht vielmehr ein Königs*titel* sei. Gleichviel, für die Menschen des Altertums, denen wir verdanken, was uns an Überlieferungen über Altkreta vorliegt, war Minos ein Name, und sie ließen ihrer Phantasie freien Lauf.

Am nüchternsten ging der altgriechische Historiker Thukydides (um 460-400 v. Chr.) die Sache an. Im Vorgeschichtskapitel (1,4) seiner *Geschichte des Peloponnesischen Krieges* schrieb er: »Der erste, von dem wir erfahren, daß er eine Flotte schuf, war Minos. Er herrschte über den größten Teil des heute hellenischen Meeres sowie über die Kykladen, die er größtenteils auch kolonisierte, nachdem er die Karer vertrieben und seine Söhne als Statthalter eingesetzt hatte. Vermutlich setzte er auch alles daran, den Seeräubern das Handwerk zu legen, um sich den Bezug seiner Einkünfte zu sichern.« Sehr viel poetischer heißt es dagegen in der *Odyssee* (19,172ff. und 178f.): »Kreta ist ein Land im dunkelwogenden Meere/ Fruchtbar und anmutsvoll und rings umflossen. Es wohnen/ Dort unzählige Menschen, und ihrer Städte sind neunzig [...]/ Ihrer Könige Stadt ist Knossos, wo Minos geherrscht hat,/ Der neunjährig mit Zeus, dem großen Gotte, geredet.«

Dies freilich ist nur das Namensgerüst, an das eine ganze Reihe von Sagen geknüpft sind, düstere Sagen, grausige Sagen, Sagen voll blutigen Glanzes. Da war die Minostochter Phaidra, die in ihrer unerfüllten Liebesraserei nicht davor zurückschreckte, die Götter zum Mord an ihrem Stiefsohn Hippolytos anzustiften, der ihre Zuneigung verschmähte, weil er sich ganz der keuschen Artemis geweiht hatte – der Meergott Poseidon ließ einen »Stier aus dem Meere« schließlich die Mordtat vollenden. Und da war das geheimnisvolle Labyrinth, bewohnt von einem unheimlichen, menschenvertilgenden Zwitterwesen, halb Stier, halb Mensch, dem Minotauros, Ergebnis einer Mesalliance der Minosgattin Pasiphae mit einem kraftstrotzenden Stier. Athens Jugendblüte wurde diesem Monstrum geopfert, bis schließlich Theseus, der am sprichwörtlich gewordenen Faden seiner Geliebten Ariadne im Labyrinth Orientierung fand, dem Schrecken ein Ende bereitete. Der kunstfertige Daidalos hatte das Labyrinth geschaffen, um den Minotauros in Gewahrsam zu halten. Doch ebendieser Daidalos sah sich schließlich selbst in das Labyrinth gesperrt, weil er Ariadne den Rat mit dem Fadenknäuel gegeben hatte. Ihn aber, den Erfindungsreichen, konnte nichts halten. Er entkam, wie es ihm, dem um Einfälle nie Verlegenen, zustand, als erster Mensch auf dem Luftwege.

Allerdings war der Minotauros nicht das einzige schreckenerregende Ungeheuer aus dem Sagenkreis, der sich um Altkreta rankte. Außer ihm gab es den unheimlichen Riesen Talos, der dreimal täglich ganz Kreta umkreiste. Der Unhold war aus Erz geschmiedet, und die Überlieferungen sind sich nicht einig, ob er gleich dem Labyrinth ein Geschöpf des Daidalos war oder ob ihn Hephaistos, der Gott des Feuers und der Schmiede, höchstpersönlich angefertigt hatte. Talos schleuderte Felsen auf die Schiffe, die sich Kreta näherten. Hatten jedoch Fremde bereits die Insel betreten, sprang er ins Feuer, bis er glühte, und begrüßte dann die Eindringlinge mit einer Umarmung, so daß sie mit schmerzverzerrtem Gesicht, dem »sardonischen Lachen«, in seinen Armen starben. Er selbst hatte seine Freude an ihrem Todeskampf. Von Tragik umdüstert war schließlich das Schicksal des Minosenkels Idomeneus, der selbst König von Kreta war. Als guter Freund der Atriden nahm er auf seiten der Achaier am Krieg gegen Troja teil. Nach einer Version der Überlieferung geriet er auf der Rückfahrt in Seenot. In seiner Verzweiflung gelobte er, Poseidon das erste zu opfern, das ihm bei seiner Landung in Kreta begegnen würde. Unglücklicherweise war es sein Sohn, nach einer anderen Variante seine Tochter, der beziehungsweise die ihm zuerst entgegeneilte, um ihn zu begrüßen. Doch Idomeneus hielt sein Gelübde und opferte sein eigenes Kind.

Als Evans sich Kephála näherte, muß er all diese Dinge im Kopf gehabt haben, gehörten sie doch zum Bildungsgut seiner Zeit. Er besaß das, was man bis heute als »humanistische Bildung« bezeichnet. Überdies war er 1883 in Griechenland dem deutschen Archäologen Heinrich Schliemann (1822-1890) begegnet und von Schliemann zutiefst beeindruckt gewesen. Zwar belächelte er ein wenig Schliemanns brennendes Verlangen zu beweisen, daß Homer »recht hatte«. Doch konnte er sich der Faszination der Funde, die Schliemann in Troja und Mykene gemacht hatte, nicht entziehen. So kam es in bezug auf Knossos zu einer Art Wettlauf zwischen ihm und Schliemann. Schliemann war als Ausgräber den Spuren altgriechischer Überlieferungen nachgegangen und hatte die mykenische Kultur entdeckt. Was lag näher für ihn, als anschließend auch dem nachzuspüren, was die alten Griechen über Minos' Welt berichteten? Tatsächlich hatte er allen Ernstes vor, sein Lebenswerk durch die Ausgrabung von Knossos zu krönen. Bereits 1888 hatte Schliemann diese Absicht in einem Brief geäußert und dabei immerhin einen »prähistorischen Königspalast« von Knossos erwähnt. Von den damals für Kreta zuständigen türkischen Behörden hatte er sogar schon die Grabungserlaubnis erhalten. Doch dann konnte er sich mit dem Grundbesitzer nicht über den Kaufpreis des Grabungsgeländes einigen. Und hier sprang schließlich Evans ein: Als er 1894 Kephála alias Knossos besuchte, kaufte er. Bei seinem Besuch 1895 betrat er also bereits Land, das ihm gehörte.

Zwar äußerte Evans später in seiner Einleitung zu Emil Ludwigs Buch *Schliemann. Geschichte eines Goldsuchers* (Berlin, Wien, Leipzig 1932) über Schliemann: »Die Aufgabe in dem großen Palast war kompliziert, sie eignete sich wenig für seine summarische Methode.« Doch als er 1895 zusammen mit John Linton Myres nach Knossos kam, hatte er nur das vergleichsweise bescheidene Ziel, altkretische Schriftzeugnisse ans Licht zu bringen. Andererseits aber scheint die Begegnung mit Schliemann in ihm weitergewirkt zu haben. Mochte er anfangs tatsächlich nur auf Inschriften aus sein – Heinrich Schliemann und nach ihm Federico Halbherr, mit seinen Anspielungen auf noch unerforschte Überreste einer uralten kretischen Kultur, hatten ihn darauf gebracht, daß auf Kreta mehr zu finden sein mußte als nur die Zeichen einer in Vergessenheit geratenen Schrift. Dies zeigt sich auch in Evans' Sprachgebrauch: Schon 1896, vier Jahre ehe er Knossos auszugraben begann, prägte er in einem Aufsatz für die britische Literaturzeitschrift *Academy* den Begriff »Minoer« für Altkretas vorgeschichtliche Bevölkerung und äußerte, obwohl kaum Belege dafür vorlagen, die Überzeugung: »Kretas Goldenes Zeitalter liegt weit jenseits der Grenzen der historischen Periode. Seine Kultur weist nicht nur [. . .] eine Gleichförmigkeit auf, wie sie später nie wieder bestand, sondern ist faktisch mit jener der Peloponnes und eines großen Teils der ägäischen Welt identisch.«

Diese Äußerung verrät eine deutliche Abkehr von seinen noch kurz vorher so sehr viel geringeren Erwartungen. Nun ging es Evans nicht mehr um Siegel und Inschriftensteine, sondern um eine vorgeschichtliche Kultur, gar um Altkretas »Goldenes Zeitalter«. Jahre ber er in Knossos den Spaten ansetzte und in der Folge einen kompletten Königspalast sowie Zeugnisse der Glanzzeit Altkretas zutage förderte, war er mittlerweile für diese Entdekkungen innerlich gerüstet und vorgeprägt. So brachte er ans Licht, was seine Erwartungen bestätigte – er »fand, was er kannte«.

Zunächst freilich kam es noch nicht zu Ausgrabungen. Auf Kreta brachen Unruhen aus. Griechen erhoben sich gegen Türken, Christen gegen Moslems. Von Kretas Inselgriechen herbeigerufen, entsandte Griechenland Truppen. Daraufhin erklärte der Sultan Griechenland den Krieg, und nun griffen weitere Mächte ein. Schließlich erhielt Kreta eine vorläufige Selbstverwaltung unter Prinz Georg von Griechenland als Hochkommissar. Britisches, französisches, italienisches und russisches Militär wachten über die Einhaltung der Waffenstillstandsbedingungen, und am 14. November 1898 zog die letzte türkische Truppeneinheit ab. Doch schon seit März desselben Jahres war Evans wieder auf Kreta. Ihn entsetzte das Elend der Inselbewohner, und wie immer, wenn irgendwo Politik gemacht wurde, bei der die Menschlichkeit auf der Strecke blieb, fühlte er sich zum Handeln aufgerufen. Er übte an Ort und Stelle Druck aus, damit Hilfslieferungen möglichst unverzüglich an die Bevölkerung verteilt wurden. Vor allem aber sandte er, wie einst aus Ragusa, an den *Manchester Guardian* flammende, aufrüttelnde Berichte über die Zustände auf der Insel und die Not der Bevölkerung.

Der Kreta-Aufenthalt diente aber auch bereits der

Grabungsvorbereitung. In Evans' Begleitung befand sich diesmal neben John Linton Myres auch David Hogarth, der damalige Direktor der British School of Archaeology in Athen. Hogarth hatte in Ägypten die hohe Kunst des Ausgrabens gelernt; sein Lehrer dort war kein Geringerer als William Matthew Flinders Petrie (1853-1942). Anschließend hatte er archäologische Forschungsarbeiten auf Zypern sowie in Ephesos und in Karkemisch durchgeführt. Er verfügte daher über weit mehr Felderfahrung als Evans und Myres zusammen.

Auch ein weiterer Kreta-Besuch im Frühjahr 1899 hatte nur den Zweck, das Terrain zu erkunden. Evans und seine Begleiter bereisten den gesamten Osten der Insel auf der Suche nach Plätzen, die als Grabungsstätten in Frage kamen. Noch immer überwog jedoch der deprimierende Eindruck der Ruinen, die von den jüngsten Unruhen auf der Insel herrührten.

Die Ausgrabung in Kephála-Knossos begannen dann im Jahr darauf, am 23. März 1900. Hogarth schreibt lakonisch: »Auf uns [...] wartete [...] Minos, als wir in Candia losritten. Genau über der Stelle, wo einst sein [Minos'] Thron stand, hatte es sich ein einsamer Esel bequem gemacht – das einzige Lebewesen weit und breit. Er wurde verscheucht, und die Ausgrabung von Knossos begann.«

Auf archäologische Details der Grabung einzugehen erübrigt sich hier. Zum Glück war Evans trotz mangelnder Felderfahrung seit seiner Kindheit mit Geologie vertraut. Außerdem besaß er trotz oder vielleicht gerade wegen seiner extremen Kurzsichtigkeit einen Scharfblick für Einzelheiten, der ihn die

Unterschiede zwischen den verschiedenen Schichten erkennen ließ. Dies bewahrte ihn davor, Fehler zu wiederholen, wie Schliemann sie in Hissarlik gemacht hatte. Schon eine Woche nach Grabungsbeginn, am 30. März 1900, fand Evans, wonach er ursprünglich gesucht hatte: Tontäfelchen mit Inschriften – Belege für das Vorhandensein eines uralten Schriftsystems. Zumeist war der Schriftduktus linear, und Evans unterschied sofort zwischen Schrifttypen, die er als »Linear A« und »Linear B« bezeichnete. Das erste Ziel hatte er damit erreicht. Doch seine Interessen gingen inzwischen weiter; daher setzte er auch seine Grabungsarbeiten fort.

Anfang April 1900 kamen erste Fragmente von Wandfresken zum Vorschein. Hier bestätigt sich unsere These auf einer sozusagen volkstümlichen Ebene, denn für Evans' kretisch-griechische Grabungshelfer waren die freigelegten Palast-Wandmalereien schlicht und einfach »Heiligenbilder«. Diese Leute hatten weder von Schliemanns Mykenern noch von Evans' Minoern gehört. Die einzigen Malereien, die sie kannten, waren die Ikonen ihrer orthodoxen Kirchen und Kapellen. Den Heiligenbildern wohnte nach dem Glauben der Einheimischen auf geheimnisvoll-mächtige Art das Wesen der dargestellten Personen inne, vergleichbar gewissen Heiligenbildern, auf die man in römisch-katholischen Gegenden häufig stößt und denen die Volksfrömmigkeit besondere Wunderkräfte zuschreibt. Demgemäß konnten auch die Malereien an den uralten Palastwänden von Knossos nur Heilige darstellen. Die Grabungsstätte wurde so zu einem Ort frommer Scheu, wo geisterhafte Kräfte walteten. Die Arbeiter von der Insel jedenfalls hatten kein minoisches Wandfresko gefunden. *Sie* fanden, was *sie* kannten: »Heiligenbilder«.

Und auch der »Teufel« wurde gefunden. Hier war es ein türkisch-kretischer Grabungsarbeiter namens Hassan, der auf das betreffende Bildwerk stieß. Als Moslem gehörte er zwar einer extrem bilderfeindlichen Religion an, doch die Vorstellung, daß es einen Teufel gebe, kennt auch der Islam. Die fragliche Abbildung war ein lebensgroßes bemaltes Stuckrelief eines angreifenden Stiers mit tiefgesenktem Kopf, mächtigem Gehörn, rotunterlaufenen Augen und geöffnetem Maul, so daß man das Tier förmlich brüllen hörte. Nun, dieses Relief, das am Nordeingang des Palastes zum Vorschein kam, kann einem durchaus Furcht einjagen. Was wußten diese einfachen Menschen schon von der Rolle des Stiers in den Religionen des antiken Mittelmeerraumes! Was wußten sie von den als Überreste uralter Stierkulte fortbestehenden Stierkämpfen in Südfrankreich, Spanien sowie in den von den Spaniern kolonisierten Ländern Lateinamerikas! Vom Teufel aber – von dem hatten sie gehört. Christen ebenso wie Moslems. Sein Bild hatte sich ihren Seelen eingeprägt. Er verkörperte ihre Ängste und Gewissensqualen. Keine Frage, daß deshalb das angsteinflößende Stierrelief vom Nordeingang des Palastes zu Knossos nur den Teufel darstellen konnte. Ja, »Heilige« und »Teufel« *kannten* diese Menschen, sie waren Teil ihrer Vorstellungswelt. Deshalb *fanden* sie sie auch – im Gegensatz zu den mit ganz anderen Erwartungen angetretenen Gelehrten.

Aber so grundsätzlich anders waren auch die

Gelehrten nicht eingestimmt. Das zeigte sich schon wenige Tage nach dem Fund der vermeintlichen Heiligenbilder. Damals stieß man auf einen Raum, dessen Mitte ein Becken aus Alabaster einnahm. Neben diesem Becken stand eine Lampe mit hohem Ständer. Aufrecht stand auch noch ein Salbgefäß (Alábastron); weitere fünf gleichartige Salbgefäße sowie die Scherben eines großen Pithos lagen auf dem Boden herum. Die rotverputzten Wände des Raumes wiesen Spuren einer schrecklichen Feuersbrunst auf.

Evans' spontane Reaktion war: Es mußte ein Badezimmer gewesen sein, in das die Grabungshelfer hier eingedrungen waren. Warum auch nicht? Wir haben heute bestimmte Vorstellungen davon, wie Badezimmer auszusehen haben. Bemerkenswert ist jedoch, daß diese Vorstellungen gerade damals Gestalt annahmen und es für Evans nahelag, sie auf die minoische Zeit zurückzuprojizieren. Noch verfügte er ja über keinerlei Vergleichsmöglichkeiten. Von minoischer Badekultur ahnte er ebensowenig wie seine einheimischen Grabungshelfer – aber er stammte aus einem Kulturkreis, der gerade im Begriff war, eine eigene Badekultur zu entwickeln.

Erstaunlicherweise war es nämlich die angeblich so viel »aufgeklärtere« beginnende Neuzeit, die im Vergleich zu dem zwar als prüde verschrienen, in Wirklichkeit aber gar nicht so zimperlichen Mittelalter einen beklagenswerten Verfall der Hygiene und einen spektakulären Rückgang der Badekultur mit sich gebracht hatte. Das Mittelalter kannte öffentliche Bäder, wo Männlein und Weiblein gemeinsam hüllenlos miteinander badeten, schäkerten, ihren

Wein tranken und es sich gutgehen ließen. Dann kam eine Zeit, in der Puder, Duftstoffe und sogenannte Flohfallen ersetzen mußten, was Wasser und Seife nicht mehr bewirkten, weil man von ihrer Anwendung nichts mehr hielt. Erst im 19. Jahrhundert fand man wieder zur guten alten Reinlichkeit zurück.

Schon im Jahre 1801 empfahl Schillers und Goethes Arzt Christoph Wilhelm Hufeland (1762-1836): »Man wasche sich täglich mit frischem Wasser den ganzen Körper und reibe zugleich die Haut stark, wodurch sie außerordentlich viel Leben und Gangbarkeit erhält«, und 1836 pries Wilhelm von Kügelgen (1802-1867) in einem an seinen Bruder gerichteten Brief die Vorteile seines neuerworbenen Brausebades: »Ich genieße jetzt einen permanenten Badeaufenthalt, da ich mir in Halberstadt für 20 Silbertaler einen privilegierten Berliner Badeschrank gekauft habe. Das ist eine herrliche Erfindung, nach der Du auch streben solltest; hier macht mein Schrank allgemein Furore. Ich brauche nur einen Pferdeeimer voll Wasser oben einzugießen und dann einen Krahn umzudrehen, so erfolgt ein Staubregen, der mich von allen Seiten scharf umspritzt und solange anhält, als es mir beliebt, denn der Eimer reicht eine Viertelstunde.« Im Jahr 1860 wies der Wiener Arzt Dr. W. Gollmann, wohnhaft Tuchlauben, im Durchhaus Nr. 557, 2. Stiege, 2. Stock, gar darauf hin, Venus sei dem »Schoß der Wellen entstiegen [. . .], um anzudeuten, daß die Schönheit hauptsächlich dem reinen, gesunden Wasser entsprieße«. Und er fuhr fort: »Ein Bad wirkt beruhigend auf den jungen, feurigen Mann, es besänftigt die Nerven der Damen.

Es erzeugt ein Gefühl physischen Wohlseins, das mehrere Tage fortwirkt« (er war also offensichtlich nicht für tägliches Baden), »es gibt Erfrischung, Erquickung und Beweglichkeit und befördert alle organischen Funktionen.«

Seit der Mitte des 19. Jahrhunderts gab es verschiedene Systeme beheizbarer Badewannen, und Ende des Jahrhunderts hatte sich der Badeofen durchgesetzt, aus dessen Mischbatterie man nach Bedarf heißes und kaltes Wasser jeder gewünschten Temperatur zapfen konnte. Etwa gleichzeitig hatte man gelernt, gußeiserne Badewannen herzustellen, die man auch an den Außenseiten ansprechend zu dekorieren verstand. Puppenhäuser aus der Zeit um 1890 zeigen ein Ensemble von Badezimmerinstallationen mit Spülklosett, Badewanne und Badeofen, das schon ziemlich weitgehend heutige Badezimmereinrichtungen vorwegnimmt.

Großbritannien war in all diesen Entwicklungen führend, und aus Großbritannien stammte Arthur Evans. Für ihn drängte es sich daher beinahe auf, den Raum in Knossos zum Badezimmer zu erklären, ohne abzuwarten, ob Parallelfunde die Frage nach der Zweckbestimmung dieses Raumes beantworten helfen würden. Später kam Evans allerdings von seiner Badezimmer-Hypothese wieder ab, denn besagter Raum war, wie es sich herausstellte, von der Galerie aus einsehbar, die den Thronraum des Palastes von Knossos umgab. Dies hätte also bedeutet, daß man diejenigen, die sich in dem vermeintlichen Badezimmer der Körperhygiene hingaben, beim Baden beobachten konnte. Menschen des Mittelalters hätte dergleichen nichts ausgemacht. Im 19. Jahrhundert indessen war das Bad eine Privatangelegenheit, und bisweilen trieb man das, was man »Anstand« nannte, so weit, daß man Sägespäne auf das Badewasser streute, um nicht den eigenen nackten Körper mit unsittsamen Blicken betrachten zu müssen. Nein, beim Baden gesehen zu werden war für einen Zeitgenossen der Königin Viktoria absolut undenkbar. Also nahm Evans Zuflucht zu der Allerweltsformel: »Was man nicht erklären kann, sehe man als kultisch an«, und flugs wurde aus dem Bad, das nun keines mehr sein durfte, ein Raum für »vermutlich religiöse Zwecke wie rituelle Reinigungszeremonien und Salbungen«. Hiermit war erst einmal Distanz geschaffen. Kultische Reinigungsrituale waren dermaßen exotisch, waren von der Alltagswelt der Viktorianischen Zeit so weit entfernt, daß man sich dabei durchaus Zuschauer vorstellen konnte; auf sie brauchte man die eigenen Hemmungen und Verklemmtheiten nicht zu übertragen. Außerdem ging man wohl davon aus, daß derartige Reinigungen mehr symbolischen Charakter hatten und keine wirklichen Bäder waren, bei denen man sich entblößte.

Daß andere »Badezimmer« und »Badewannen«, die Evans außerdem in Knossos entdeckte, möglicherweise völlig anderen Zwecken dienten – etwa als Totenkammern und Sarkophage –, erwog erst 1972 ein Außenseiter, den allerdings die Mehrzahl der »zünftigen« Kretologen inzwischen mit Glanz und Gloria abgeschmettert hat. Vielleicht hatte Evans sogar recht, als er den »minoischen« Altkretern eine Badekultur zuschrieb, die sich in so mancher Hinsicht wie eine Vorwegnahme der Badegewohnheiten im England des ausgehenden 19. Jahrhunderts ausnimmt. enn die von ihm entdeckten »Badewannen« wirklich Badewannen waren, spräche dies für seine archäologische Intuition. Für uns ist jedoch lediglich von Bedeutung, daß er einen bestimmten Begriff von Badezimmern und Badewannen hatte, der bei ihm entsprechende Gedankenverbindungen auslöste, als er jene altkretischen Räumlichkeiten und Einrichtungsgegenstände freilegte. Dies zeigt besonders die tönerne Sitzbadewanne im Baderaum hinter dem »Gemach der Königin« im Ostflügel des »Dritten Palastes« von Knossos. Ohne nähere Vorstellungen vom Aussehen und von der Funktion einer Sitzbadewanne kann man eine Sitzbadewanne schlechterdings nicht als solche erkennen, es sei denn, man erfinde als interpretierender Ausgräber die Sitzbadewanne gleichsam neu. Ein derartiges Maß an nachschöpferischer Kreativität aber hat unseres Wissens bisher noch kein Archäologe je an den Tag gelegt.

Die Übertragung von Wunschvorstellungen und Gegenwartserfahrungen eines Forschers auf die Vergangenheit spielt in der Tat eine wichtige Rolle, wenn es darum geht, archäologischem Material einen Sinn zu unterlegen. Das belegen die »volkstümlichen« Namen einiger markanter Funde. Wenn Heinrich Schliemann davon sprach, den »Schatz des Priamos« oder die »Goldmaske Agamemnons« gefunden zu haben, so war dies nur scheinbar vergangenheitsbezogen. In Wahrheit hatten diese Bezeichnungen mehr mit Schliemanns Entdeckerträumen und damit mit seiner ganz persönlichen Lebensgeschichte zu tun als mit irgendeiner wissenschaftlich erfaßbaren Realität. Gleichzeitig aber flößen solche Kürzel archäologischem Material weitaus mehr Leben ein, als es von sich aus besitzt. »Schatz des Priamos«, ob wissenschaftlich vertretbar oder ob nicht, ist griffiger als »Hortfund aus Bauschicht II (Troja)«; dasselbe gilt für »Agamemnons Goldmaske«, die in Wahrheit wer weiß wessen Antlitz darstellt. Um noch ein Beispiel anzuführen, das diesmal aus Ägypten stammt: Wer, ausgenommen wenige Fachleute, weiß etwas mit Bezeichnungen anzufangen wie »Holzstatue des Ka-aper (4. Dynastie)« oder gar »Holzskulptur, Katalog-Nr. 140, Saal 42 (Ägyptisches Nationalmuseum/Kairo)«? Ein sehr viel größerer Kreis wird dagegen aufhorchen, wenn man vom »Dorfschulzen« spricht; so lautet nämlich der populäre Name des fraglichen Bildwerks.

Besonders rasch und geschickt im Erfinden derart eingängiger Benennungen war Arthur Evans. Nicht umsonst war er lange Zeit als Journalist tätig gewesen. Er besaß, wie wir heute sagen würden, »Medienerfahrung« und blieb im übrigen bis ans Ende seines Lebens außergewöhnlich publikationsfreudig. Einer der gelungensten, einprägsamsten Kurznamen für einen der Funde aus Knossos stammt allerdings nicht von ihm, sondern von einem seiner französischen Fachkollegen: die Bezeichnung »Pariserin« für eine in Freskotechnik ausgeführte Darstellung einer Frau aus dem Prunksaal im Westflügel des Palastes. Das Fresko bildet heute eines der Glanzstücke des Museums von Herakleion. Zweifellos war es die von dieser Frauendarstellung ausgehende Ausstrahlung kultivierter Erotik, die den Anlaß bot, von einer »Pariserin« zu sprechen. Um die Jahrhundertwende ebenso wie heute galt Paris als Heimstatt weiblicher Eleganz. Fünfmal, in den Jahren 1855, 1867, 1878, 1889 und 1900, war die Stadt Schauplatz von »Weltausstellungen« gewesen. Mit anderen Worten: An keinem anderen Ort der Welt hatte sich die bürgerliche Gesellschaft der zweiten Hälfte des 19. Jahrhunderts so oft zur Schau gestellt wie in Paris. Und zum Frauenbild dieser Gesellschaft, von der nicht wenige der maßgeblichen Mitglieder in den Angehörigen des weiblichen Geschlechts unter anderem Luxusspielzeuge und Statussymbole sahen, gehörte eben modischer Schick. Außerdem förderte die Weltstadtrolle, in die Paris immer mehr hineinwuchs, die Entwicklung einer ausgedehnten Vergnügungsindustrie, die Paris den Ruf eintrug, eine »Stadt der Liebe« zu sein, obwohl die einschlägigen Unternehmungen weniger mit Liebe zu tun hatten als mit Profit. Erotik, Eleganz, Modebewußtsein waren und sind jedenfalls Assoziationen, die man seit dem 19. Jahrhundert mit Paris zu verknüpfen pflegt. Die attraktive, elegante, gepflegte Pariserin wurde zum Klischee. Und wer immer die Bezeichnung »Pariserin« für die mandeläugige Schönheit aus Knossos prägte, deren dunkles Haar in Wellen auf ihre Schultern herabfällt – er übernahm das Klischee, ein Klischee des 19. Jahrhunderts.

Wohlgemerkt, niemand wird die auf das betreffende Wandfreskenfragment in Herakleion gemünzte Bezeichnung »Pariserin« mit einer wissenschaftlichen Aussage verwechseln. Vielmehr weiß jeder, daß es sich um einen witzigen Vergleich, einen Scherz handelt. Aber auch Scherze können aufschlußreich sein. Dabei spielt es kaum eine Rolle, ob

Evans' gelehrter Besucher, der für jenes Fresko in Knossos den Ausdruck »Pariserin« prägte, oder ob Evans selbst mit Pariserinnen persönliche Erfahrungen hatte.

Dessen erster Eindruck von Paris dürfte eher negativ gewesen sein, obwohl sich Evans für seinen Antrittsbesuch in der Seinemetropole eigens mit einem karmesinrot gefütterten Umhang ausstaffiert hatte, der ihm einen unübersehbaren Anstrich von Unternehmungslust gab. Doch es war Ostern 1871, und Frankreich befand sich auf einem Tiefpunkt. Der am 19. Juli 1870 mit der Kriegserklärung Frankreichs an Preußen eröffnete Deutsch-Französische Krieg war formell noch nicht beendet – das geschah erst am 10. Mai 1871 mit dem Frankfurter Frieden –, und Paris trug noch immer an den Folgen der Belagerung durch die deutschen Truppen vom 19. September 1870 bis 28. Januar 1871. Abgesehen von den Zerstörungen durch den anhaltenden Artilleriebeschuß hatte die Belagerung ungeheures Elend über die Hauptstadt gebracht, so daß sie ein ganz und gar atypisches Bild geboten haben muß und von ihrem sonstigen Glanz und Schick wohl nur wenig zu spüren war.

Doch selbst wenn es sich anders verhalten hätte, dürfte man sich mit Fug und Recht fragen, ob der damals knapp zwanzig Jahre alte Evans zur Welt der Pariser Lebedamen Zugang gefunden hätte. Evans hatte eine einzige große Liebe: Margaret, die ältere Tochter des britischen Historikers Edward Freeman. Sie lernte er 1877 in Ragusa kennen, und die beiden heirateten ein Jahr später in England. Doch nach etwa fünfzehnjähriger Ehe starb Margaret am 11.

März 1893 in Alassio an Tuberkulose. Evans verwand ihren Tod nie. Künftig schrieb er nur noch auf Papier mit schwarzem Trauerrand; selbst seine Notizen kritzelte er auf Blöcke mit schwarzumrandeten Seiten. Von weiteren Beziehungen zu Frauen hören wir aus seinem Leben nichts. Es wird sogar berichtet, Evans habe sich in Gegenwart von Frauen eher unbehaglich gefühlt. Zu seinem Bedauern war seine Ehe kinderlos geblieben, und er nahm sich daher künftig immer wieder Jugendlicher an. Vor allem unterstützte er in großzügigster Weise die Pfadfinderbewegung. Noch 1926 nahm er, bereits fünfundsiebzigjährig, in Pfadfinderuniform an der Grundsteinlegung eines von ihm auf eigenem Grund und Boden bei Oxford gestifteten Pfadfinder-Trainingszentrums teil. Sobald aber Mädchen auf der Bildfläche erschienen, fühlte er sich gehemmt. Ein »Frauenheld« war Evans mithin offenbar zeitlebens nicht. Wenn er die Bezeichnung »Pariserin« für jenes Fresko aus Knossos übernahm, von dem hier noch immer die Rede ist, so sicherlich nur wegen des gängigen Klischees. Doch auch dieses Klischee gehörte zur damaligen Wirklichkeit und wies Evans ganz als Kind seiner Zeit aus.

Die Restaurierung der Fresken von Knossos verdanken wir zwei französisch-schweizerischen Malern, Émile und Édouard Gilliéron. Die beiden, Vater und Sohn, hatten sich in Athen niedergelassen und wußten sich meisterhaft zu verkaufen, verkörperten sie doch eine Verbindung von Archäologie und Künstlertum, die man in jener Zeit, als Archäologie noch weitgehend Kunstgeschichte war, recht häufig antreffen konnte. Beide verfügten sie aber auch über eine gehörige Portion Geschäftssinn und wußten ihre künstlerischen Fähigkeiten recht geschickt in klingende Münze umzusetzen. Émile Gilliéron, der Vater, war nach Kunststudien in Basel, München und Paris schon im Alter von sechsundzwanzig Jahren nach Athen gekommen und hatte sich auf archäologische Themen spezialisiert. Er führte überwiegend Auftragsarbeiten des Französischen Archäologischen Instituts aus; aber auch in den Veröffentlichungen der Athener archäologischen Institute anderer Länder sind seine Zeichnungen zu finden. Nicht genug damit, hatte Gilliéron es verstanden, sich den Posten eines Zeichenlehrers am griechischen Königshof zu verschaffen, und obendrein vertrieb er Nachbildungen antiker Meisterwerke. Angefertigt wurden diese Nachbildungen von der Württembergischen Metallwarenfabrik (WMF) im schwäbischen Geislingen an der Steige; man konnte sie aber auch unmittelbar von der Firma É. Gilliéron & Fils, Rue Skoufa 43, Athen, beziehen. Dies alles erfahren wir aus einem alten Katalog der WMF, der den Titel trägt: *Galvanoplastische Nachbildungen mykenischer und kretischer (minoischer) Antiquitäten.* Édouard Gilliéron, der Sohn, stand seinem Vater in nichts nach.

Diesen beiden ebenso fleißigen wie geschäftstüchtigen Männern vertraute Evans die Restaurierung der Fresken von Knossos an, die sich in einem beklagenswerten Zustand befanden. Evans und Émile Gilliéron hatten in vielen Fällen nichts als ein Durcheinander Hunderter von Wandbewurf-Bruchstücken vor sich, die gesammelt, gereinigt und aneinandergefügt werden mußten. Auf vielen Fragmenten war kaum noch etwas zu erkennen, und es bedurfte wirklich einer Art von Sehergabe, um aus den Einzelheiten dieses Puzzlespiels sinnvolle Kompositionen zu erstellen.

Dieses außerordentliche Maß von Ungewißheit bedeutete aber auch, daß Evans und die Gilliérons bei der Rekonstruktion der Fresken unverhältnismäßig freie Hand hatten. Zwar ließen sie ihrer Phantasie durchaus nicht unkontrolliert die Zügel schießen, sondern bemühten sich um Kriterien. Dabei kam ihnen Evans' extreme Kurzsichtigkeit zustatten, hatte diese doch zur Folge, daß Evans aus nächster Nähe viel schärfer sah als jeder Normalsichtige. So nahm er auf den vorgefundenen Stuckfragmenten noch feinste Linien wahr, die von den Fäden herrührten, die man einst als Leitfäden für die Hände der Maler über die noch feuchte Wandbewurfschicht gespannt hatte. Galt es, ein zerstörtes Fresko zu ergänzen, mußten auf jeden Fall für die Nachbildung brauchbare Entsprechungen vorhanden sein. Zumindest Émile Gilliéron verfügte in dieser Hinsicht zweifellos über jahrelange Erfahrung.

Erfahrung indessen kann trügen, und sie nutzte auch wenig angesichts einer Kultur, die gerade erst im Begriff war, wiederentdeckt zu werden. Was »brauchbare Entsprechungen« waren, entschieden Evans und Gilliéron, und Evans' starke Sehbehinderung, so nahsichtig sie ihn auch machte, bot im Grunde die denkbar schlechteste Gewähr für wissenschaftlich stichhaltige Rekonstruktionen. Evans' Begeisterung allein vermochte die fehlenden Anhaltspunkte für eine korrekte Wiederherstellung der Fresken nicht zu ersetzen. Wir können daher nicht sicher sagen, was Gilliéron im wissenschaftlichen Sinn erneuerte und was lediglich Frucht seiner von Evans inspirierten, im übrigen aber frei schweifenden Phantasie war. Unter diesen Umständen gibt es zu denken, daß Gilliérons Nachschöpfungen der Fresken von Knossos in Linienführung, Flächenbehandlung, in der Darstellung von Menschen sowie in der Wiedergabe tierischer, pflanzlicher und abstrakter Motive Parallelen nicht nur zum Dekor altkretischer Keramik, sondern auch zur Kunst des ausgehenden 19. und des beginnenden 20. Jahrhunderts, insbesondere zum sogenannten Jugendstil, aufweisen. Wie weit brachten Émile Gilliéron und sein Sohn Édouard ihr eigenes künstlerisches Empfinden und damit etwas vom künstlerischen Empfinden ihrer Zeit in diese aus so spärlichen Anhaltspunkten buchstäblich herbeigezauberten Neuwiedergaben mit ein? Wieviel von ihrer Zeiterfahrung, ihrem Lebensgefühl übertrugen sie auf die Kunst Altkretas zurück? Fanden auch sie im Wirrwarr der zahllosen Fragmente, aus denen sie Altkretas Kunst wiederzuerwecken versuchten, nur das, was sie kannten? Die Frage muß gestellt werden. Sie detailliert zu beantworten dürfte allerdings schwerfallen. Zu spärlich ist im Vergleich zu den heute anzutreffenden Nachbildungen das Originalmaterial aus Knossos, zumal es in die Restaurierungen, die die Gilliérons vornahmen, einbezogen wurde.

Noch auf andere Weise wurde Knossos zum Spiegel der Gegenwart: in den bei der Teilrekonstruktion des Palastes verwendeten neuartigen Baumaterialien. Das Mauerwerk des Palastes besaß großenteils eine Art Rahmenwerk aus Holzbalken, das auf hölzernen Pfosten ruhte. Die alten Kreter hatten dazu Balken aus Zedernholz genommen, das ihnen in ausreichendem Maß zur Verfügung stand. Evans dagegen ließ Föhrenholz aus Tirol herbeischaffen, das sich jedoch im kretischen Klima als wenig dauerhaft erwies. Also ging er zu Eisenträgern und Stahlbeton über, Materialien, von denen die Bewohner Altkretas noch nicht einmal hätten träumen können. Balken und Säulen wurden nun aus Beton gegossen und holzartig übermalt. Die neuen Baustoffe bewährten sich. Denn Kreta war und ist Erdbebengebiet. Dies bekamen Evans, die Architekten, die in seinem Auftrag den Teilwiederaufbau von Knossos leiteten, sowie die Scharen der Grabungshelfer und Bauarbeiter an Ort und Stelle zu spüren. So gab es am 20. April 1922 um 12.15 Uhr, während die Grabungsmannschaft gerade eine Trümmerschicht freilegte, die ein Erdbeben vor mehr als dreitausend Jahren zurückgelassen hatte, einen kurzen, heftigen Erdstoß, den ein tiefes Grollen begleitete. Ein besonders schweres Beben aber ereignete sich am Abend des 26. Juni 1926. Evans schrieb, er habe damals geglaubt, das Brüllen des Minotauros in seinem unterirdischen Labyrinth gehört zu haben. Doch was vom alten Knossos wiederentdeckt und wiederaufgebaut worden war, hielt dem Toben der Naturgewalten stand. Dank neuer Technik und neuer Werkstoffe war der wiedererstandene Palast erhalten geblieben. Schließlich war er, technisch gesehen, das modernste Gebäude weit und breit.

Heinrich Schliemann und Homer

Es ist schwer, von Heinrich Schliemann (1822-1890) zu berichten, ohne vom schimmernden Goldglanz seiner Funde geblendet zu sein, und es erfordert Mühe, die märchenhafte Laufbahn dieses Mannes auf sich wirken zu lassen, ohne dabei selbst ins Märchenerzählen zu geraten. Dabei trifft das »Märchen vom armen Jungen, der einen Schatz fand«, auf Schliemann überhaupt nicht zu. Vielmehr ist er der Prototyp eines Archäologen, der das »fand, was er kannte«. Was er kannte, hatte mit der Traumwelt seiner Kindertage zu tun. In gewisser Weise war und blieb Schliemann zeitlebens ein Knabe, der seine Knabenträume verwirklichte. Aber in der Natur seiner Träume und der Art ihrer Verwirklichung erwies er sich ganz als Kind seiner Zeit.

Gleich Arthur Evans gehörte auch Heinrich Schliemann zu jenen Wohlhabenden der »Pionierzeit«, die sich das teure Steckenpferd Archäologie leisten konnten. Allerdings war ihm sein Reichtum nicht in den Schoß gefallen. Er hatte ihn nicht ererbt, sondern, ehe er ihn erwarb, Tiefen durchlitten, wie man sie aus den Erzählungen seines Zeitgenossen Charles Dickens kennt. Mag sein, daß so manches Theatralische an seinem späteren Lebensstil in jenen entbehrungsreichen Tagen, als er sich »ganz unten« befand, seine tiefsten, eigentlichen Ursachen hatte.

Geboren wurde Heinrich Schliemann am 6. Januar 1822 in Neubukow in Mecklenburg-Schwerin. Seinen Vater, einen evangelischen Prediger, versetzte die Kirchenbehörde ein Jahr nach der Geburt seines Sohnes in ein Dorf namens Ankershagen. In dieser engen, kleinen Welt voller Sagen und Legenden verbrachte Schliemann seine ersten acht Lebensjahre. Später schrieb Schliemann selbst: »Die in meiner Natur begründete Veranlagung für alles Geheimnisvolle und Wunderbare wurde durch die Wunder, welche jener Ort enthielt, zu einer wahren Leidenschaft entflammt.« Ausführlich schildert er dann, um welche Art »Wunder« es sich handelte: um Wiedergänger, Gespenster, Raubritter – wie nicht selten bei derlei volkstümlichen Überlieferungen in ländlichen Gegenden. In der Tat waren einige der blutrünstigen Geschichten, die die Dörfler dem Knaben erzählten, kaum als Gutenachterzählungen für zartbesaitete Gemüter geeignet. Beispielsweise machte ein Tonrelief an einer der rückwärtigen Mauern des Schlosses von Ankershagen einen tiefen Eindruck auf Schliemann. Angeblich haftete keine Farbe an ihm, weil ein Mensch darauf abgebildet war, der eine Blutschuld auf sich geladen hatte. Nach der Legende stellte es einen Raubritter namens Henning Bradenkirl dar, von dem es hieß, er habe einen Rinderhirten lebendig gebraten und ihn in seiner Todesqual sogar noch getreten. Zur Strafe dafür sei Bradenkirls linkes Bein aus dem Grab gewachsen, obwohl man es immer wieder abgeschnitten habe, wie sogar der Totengräber mit heiligen Eiden beschwor. Erst seit etwa 1800 habe sich das schauerliche »Wunder« nicht mehr ereignet. Vielleicht war es der künftige Spatenforscher in ihm, der den jungen Heinrich Schliemann seinen Vater bitten ließ, man möge ihm doch gestatten, das Grab zu öffnen, um nachzusehen, welches Geheimnis es barg. Später sollte Schliemann tatsächlich Gräber öffnen, um alten Sagen auf den Grund zu gehen. Aber bis dahin war es noch ein weiter Weg.

Wunder, Sage und Wirklichkeit mischten sich, wenn Schliemanns Vater seinem für Erzählungen dieser Art so empfänglichen Sohn von untergegangenen Stätten des Altertums berichtete. Pompeji, Herculaneum, Troja – sie waren dem Knaben vertraut, bevor er acht Jahre alt war.

Entscheidend für Schliemanns Lebensweg wurde indessen das Weihnachtsfest 1829, als ihm sein Vater Heinrich Jerrers *Weltgeschichte für Kinder* schenkte. Schliemann sah darin eine Abbildung des brennenden Troja, und die mächtigen Mauern dieser Stadt faszinierten ihn. Obwohl sein Vater ihm erklärte, das Bild sei nur erfunden, stand es für Schliemann von nun an fest: Eines Tages werde man Troja ausgraben, und er werde der Ausgräber sein.

Trojas Untergang ist im bekanntesten aller altgriechischen Epen beschrieben, der *Ilias*. Aber Troja auszugraben und damit zu beweisen, daß Homer, der Dichter der *Ilias*, »recht hatte«, davon konnte um 1830 ein Kind nur träumen. Wäre Heinrich Schliemann damals auf der Höhe des altertumskundlichen Wissens seiner Zeit gewesen – was man von einem knapp Achtjährigen selbstredend nicht erwarten konnte –, hätte er Homer als äußerst problematischen Geschichtszeugen betrachtet.

Einst hatte der athenische Tyrann Peisistratos (um 600 - um 528/527 v. Chr.) die sozusagen verbindliche Fassung des überlieferten Homer-Textes anfertigen lassen, doch im Lauf der Zeit sprach man Homer immer mehr Werke ab, bis nur noch *Odyssee* und *Ilias* übrigblieben. Sogenannte Spalter (Chorizontes) ließen, und dies schon im Altertum, nicht einmal mehr die *Odyssee* als Dichtung Homers gelten. Was den historischen Wahrheitsgehalt der mit Homers Namen in Verbindung gebrachten Werke angeht, so äußerte hier und da bereits der griechische Historiker Herodot (um 485-425 v. Chr.) Zweifel, und erst recht gilt dies für den griechischen Geschichtsschreiber Thukydides (um 460 - um 400 v. Chr.). Der Makedonenkönig Alexander der Große (356-323 v. Chr.) allerdings soll dann wieder eine von seinem Lehrer, dem griechischen Philosophen Aristoteles (384-322 v. Chr.), angefertigte Homer-Ausgabe als Lehrbuch der Kriegskunst betrachtet haben. In der Gelehrtenwelt indessen blieb Homer umstritten, und in der Auseinandersetzung mit seiner Person, seiner Autorschaft und der Glaubwürdigkeit der ihm zugeschriebenen Werke entwickelten die Griechen sämtliche Zweige moderner Literaturwissenschaft, von der Autorenbiographie über Textgestaltung und Echtheitsnachweis bis hin zur Interpretation.

Ein unmittelbarer Vorläufer der modernen Homer-Kritik war der französische Geistliche François Hédelin d'Aubignac (1604-1676). Er verteidigte die dichterische Qualität des Homerischen Werkes gegen die herabsetzende Kritik seiner Zeitgenossen, billigte diese dichterische Qualität aber nur den einzelnen Liedern zu, die, wie er meinte, ein Unbekannter zu einem größeren Werk zusammengeflickt habe. Den entscheidenden Schritt tat jedoch der Hallenser Professor Friedrich August Wolf (1759-1824), der 1795 in seiner berühmten Schrift *Prolegomena ad Homerum*, von damals neuesten Erkenntnissen ausgehend, die Frage nach der Einheit der Homerischen Epen sowie nach ihrem Urheber und ihrer Entstehung neu formulierte. Damit war endgültig die »homerische Frage« gestellt, die bis heute nicht verstummt ist. An Wolf anknüpfend, entwikkelte Karl Lachmann (1793-1851) seine Liedertheorie, wonach die *Ilias* aus nicht weniger als achtzehn verschiedenen Gedichten zusammengekittet ist. Es lag nahe, daß man sich angesichts solcher Homer-Kritik fragte, ob Homer vielleicht nur ein Redaktor war, der die einzelnen Stücke des ihm zugeschriebenen Werkes zu einem Ganzen zusammenfügte, ja, ob es Homer überhaupt je gegeben hatte. Und wir dürfen wohl getrost vermuten, daß Schliemann, wenn er gewußt hätte, wie umstritten das Werk war, das Trojas Ende beschrieb, sehr viel eher gezögert hätte, ausgerechnet in einer solchen Dichtung einen Wahrheitskern zu vermuten, dem mit dem Spaten nachzugehen sich lohnte.

Aber Schliemann war kein Gelehrter, als er den Plan faßte, der sein ganzes späteres Leben so entscheidend prägen sollte. Er war ein Kind. Und mit nahezu ungebrochener kindlicher Begeisterung verfolgte er sein Ziel auch noch später, als er längst an Jahren und Erfahrungen gereift war. Das Ziel, das er sich gesetzt hatte, war zudem keineswegs abstrakt, denn sein früher, von den Altersgenossen belachter Berufswunsch hatte eine der mächtigsten Triebfedern, die immer wieder Menschen anspornen, über sich hinauszuwachsen: die Liebe. Die Traumwelt seiner Kinderjahre, insbesondere sein Wunsch, Troja auszugraben, war wichtiger Bestandteil einer heißen Jugendliebe, die Schliemann sein ganzes Leben nie vergaß. Noch viele Jahre später, als er erfuhr, daß Minna Meincke – so hieß seine Angebetete – geheiratet hatte, erging er sich in düsteren Betrachtungen über sein »grausames Schicksal«, und auch unter Arbeitsstörungen scheint er, der sonst so Unermüdliche, damals gelitten zu haben. Schliemann stand am Anfang seiner Karriere als Kaufmann, doch erst »allmählich«, so schrieb er, konnte er seiner »kaufmännischen Tätigkeit wieder ohne Unterbrechung obliegen«. Als er dann reich genug war, um sich die Erfüllung seines Kindheitstraums leisten zu können, erwachte abermals die Erinnerung an Minna Meincke in ihm, obwohl auch er – nun schon zum zweitenmal – verheiratet war. »Inmitten allen Gewühls des geschäftlichen Lebens«, so Schliemann, »hatte ich nie aufgehört, an Troja zu denken und an die 1830 mit meinem Vater und Minna getroffene Übereinkunft, es dereinst auszugraben.«

Und er dachte an Troja mit dem Starrsinn eines kindlichen Tagträumers. Als Heranwachsender lernte er Griechisch und wurde zu einem profunden Kenner Homers, dessen *Ilias* von Trojas Untergang berichtet. Die berechtigten Bedenken gegen diesen Autor und den historischen Wahrheitsgehalt der ihm zugeschriebenen Werke schlug er jedoch in den

Wind. Die *Ilias* war für ihn keine bloße Dichtung, kein Werk frei schweifender Phantasie. Nach seinen Worten waren für ihn »die Worte Homers [. . .] ein Evangelium«. Daß er Troja fand, kann man als Zufall abtun. Andererseits bleibt festzuhalten, daß er damit das fand, was er von Kindheit an kannte und woran er seit seiner frühesten Jugend unerschütterlich geglaubt hatte. Dies war wichtig für ihn. Die wissenschaftliche Bedeutung seines Fundes erkannte Schliemann nur verschwommen. Ihm ging es, abermals nach eigenem Bekunden, nicht darum, »Kunstwerke zu finden«. Vielmehr stellte er als erster Archäologe eine gesamte Grabungsstätte und ihre Geschichte in den Mittelpunkt seiner Forschungen. Damit reihte er »die Wissenschaft des Spatens in den Betrieb der gesamten Geschichtsforschung als dienende Helferin ein« und wurde so ungewollt zum Vater der modernen Siedlungsforschung, auch wenn der Begriff Siedlungsforschung erst später geprägt wurde.

In seinem Streben stand Schliemann in deutlichem Unterschied zu Johann Joachim Winckelmann (1717-1768), der die »edle Einfalt und stille Größe« antiker Kunst bewundert und damit dem Klassizismus das Wort geredet hatte. Abermals erwies er sich damit als Kind seiner Zeit. Denn aus Gründen, die hier nicht zur Debatte stehen, war das 19. Jahrhundert nicht nur die Pionierzeit der Archäologie, sondern gleichzeitig eine Phase besonders intensiver Auseinandersetzung mit der Geschichte. Laut dem Philosophen Georg Wilhelm Friedrich Hegel (1770-1831) wirkte der »Weltgeist« immer nur in der Geschichte, der Rechtsgelehrte Friedrich Carl von

Savigny (1779-1861) verkündete, ein historischen Gegebenheiten unterworfener »Volksgeist« sei Quelle jeglichen Rechtes, und der Historiker Leopold von Ranke (1795-1886) wünschte sich, sein Ich auszulöschen, um die Dinge zu sehen, wie sie wirklich waren. Karl Marx (1818-1883) schließlich stellte Hegels These »vom Kopf auf die Beine« und begründete den historischen Materialismus. Bloße Hegel-Epigonen dagegen ließen keine systematische Beschäftigung mit Geistes-, Kultur- und Gesellschaftswissenschaften mehr zu, sondern betrachteten entsprechende Systeme nur mehr im historischen Kontext; dies war der Standpunkt des Historismus.

Allerdings wäre es zuviel der Ehre, Schliemann als Philosophen zu bezeichnen. Er hatte seinen Traum, den er beharrlich verfolgte, er wußte sich die zur Erfüllung dieses Traumes unerläßlichen Mittel zu verschaffen, und er besaß Geduld, Energie, Beharrungsvermögen, Durchsetzungskraft sowie – Phantasie. Außerdem war er ein Sprachgenie. Ein philosophischer Geist dagegen war er zweifellos nicht. Vielmehr ähnelte er noch am ehesten jenen im Grunde unphilosophischen Hegel-Nachfahren, die lediglich das historische Phänomen gelten lassen wollten, ohne an nicht zeitgebundene Aussagen zu glauben. Daß allerdings auch Homers Aussagen an spätere Jahrhunderte *nach* dem Trojanischen Krieg gebunden und damit anachronistisch sein könnten, wie es die Homer-Kritik damals bereits in Erwägung zog und inzwischen nachgewiesen hat, diese Möglichkeit zog Schliemann nicht in Betracht; so weit ging sein Historismus nicht. So blieb er der »Ausgräber Homers«, der er in seiner Kindheit hatte werden wollen, der Entdecker schimmernden Goldes, das er völlig willkürlich und ohne den geringsten wissenschaftlich stichhaltigen Anhaltspunkt als »Schatz des Priamos« und »Goldmaske Agamemnons« mit Homer in Verbindung brachte. Nach wie vor sind es fast ausschließlich diese Dinge, die ihm beim weniger informierten Teil seiner Bewunderer Beifall eintragen.

Schliemann hatte schwer zu kämpfen, um seinen Kindheitstraum verwirklichen zu können. Den glücklichen Jugendtagen in Ankershagen, da er zusammen mit Minna Meincke hochfliegende Pläne geschmiedet hatte, folgten Zeiten bitterster Not. Seine Mutter starb, die Familie geriet in finanzielle Schwierigkeiten, und man mied die so »in Unehre Gefallenen«. Dies bedeutete auch das Ende der Beziehung zu Minna Meincke, da die Eltern ihrer Tochter jeden weiteren Umgang mit Schliemann untersagten. Aber mit um so trotzigerer Verbissenheit klammerte Schliemann sich nunmehr an sein Ziel, das einzige, das ihn noch mit Minna verband und das er sich in sein späteres Leben hinübergerettet hatte. Koste es, was es wolle: Er mußte dieses Ziel erreichen – jetzt erst recht und allen Schicksalsschlägen zum Trotz!

Von seinem Vater in den Anfangsgründen des Lateins unterwiesen, kam er im Alter von elf Jahren auf das Gymnasium nach Neustrelitz, wo man ihn wegen seiner Vorkenntnisse in die Tertia aufnahm. Doch aus finanziellen Gründen mußte er schon nach zwei Monaten in die zweite Klasse der Neustrelitzer Realschule überwechseln. Auch dort war seines Bleibens nicht lange – das Geld reichte einfach nicht. So trat er im Frühjahr 1836, inzwischen vierzehn geworden, in Fürstenberg (Mecklenburg-Strelitz) eine Kaufmannslehre an. Hier verkaufte der junge Mann, der sich vorgenommen hatte, Homers Troja auszugraben, »Heringe, Butter, Kartoffelbranntwein, Milch, Salz, Kaffee, Talglichter usw.«, mahlte Kartoffeln für die Schnapsbrennerei und fegte den Laden aus. Doch sogar noch in diesem ernüchternden Milieu hatte er ein Schlüsselerlebnis, das unauslöschliche Spuren in ihm hinterließ: die Begegnung mit einem betrunkenen Müllerburschen, der, heruntergekommener Pastorssohn und Exgymnasiast, griechische Homer-Verse rezitierte. »Obgleich ich kein Wort davon verstand«, schrieb Schliemann später, »machte doch die melodische Sprache den tiefsten Eindruck auf mich, und heiße Tränen entlockte sie mir über mein unglückliches Geschick [. . .]. Von jenem Augenblick an hörte ich nicht auf, Gott zu bitten, daß er in seiner Gnade mir das Glück gewähren möge, einmal Griechisch lernen zu dürfen.«

Zunächst jedoch kam alles schlimmer. Schliemann hob ein zu schweres Faß und zog sich eine innere Brustverletzung zu, so daß er seine Arbeit nicht mehr fortsetzen konnte. Gänzlich mittellos wanderte er nach Hamburg, wo er auf Empfehlung eines Bekannten seiner verstorbenen Mutter, der Schiffsmakler geworden war, als Schiffsjunge auf einem Amerikafahrer anheuerte. Ziel der Reise war Venezuela. Doch schon vor der Insel Texel erlitt der Segler Schiffbruch. Aus der Nordsee gefischt, lehnte Schliemann es ab, nach Deutschland zurückzukehren. Lieber blieb er in den Niederlanden, wo sein Schicksal dermaßen Anteil erregte, daß man Geld für ihn sammelte und er, abermals dank einiger Beziehungen, eine Büroarbeit erhielt. Seine eintönige Beschäftigung ließ ihm viel Zeit zu umfangreichen und intensiven Sprachstudien. Insbesondere trainierte er sein Gedächtnis durch das Auswendiglernen fremdsprachiger Texte. Auch rezitierte er viel, so daß sich bisweilen die Nachbarn gestört fühlten und er die Wohnung wechseln mußte. Als er einmal niemanden hatte, der ihn abhörte, engagierte er sogar »einen armen Juden, der für 4 Frank die Woche allabendlich zu mir kommen und meine [...] Deklamationen anhören mußte, von denen er keine Silbe verstand«.

Auf diese Weise lernte Schliemann eine Sprache nach der anderen, so Russisch, Polnisch, Schwedisch, Arabisch und, ganz zum Schluß, auch Griechisch. Nach wie vor war die Triebfeder seines Tuns die keineswegs erloschene Liebe zu der Freundin seiner frühen Jugend, die er damals noch immer zu heiraten hoffte. Doch nun mußte er erfahren, daß sie die Frau eines anderen geworden war. Schliemann ließ sich indes nicht entmutigen, sondern begann eine Kaufmannskarriere ohnegleichen. Seine Sprachstudien zahlten sich aus. Er stieg auf, unternahm ausgedehnte Geschäftsreisen ins Ausland, und aus dem armen Sohn eines verarmten Pastors, der im mecklenburgischen Fürstenberg Salzheringe verkauft hatte, wurde nun ein Kriegsgewinnler internationalen Formats, der sich bedenkenlos bereicherte. So, wie er sich am Ende seines Lebens über den ärztlichen Rat seines Freundes Rudolf Virchow hinwegsetzte, wie er als Archäologe wissenschaftliche Skrupel in Sachen Homer vom Tisch wischte, mißachtete er als Kaufmann alle moralischen Bedenken gegen den Handel mit Kriegsmaterial.

Daß Schliemann so handelte, hatte gewiß auch mit den politischen und gesellschaftlichen Verhältnissen seiner Zeit zu tun. Als Vierzehnjähriger hatte Schliemann den frühen Kapitalismus gleichsam »von unten her« kennengelernt. Doch anstatt dagegen anzukämpfen, entschloß er sich zum Weg der Anpassung. Und er verstand es, die Mechanismen des Kapitalismus skrupellos zu nutzen – bis hin zur Beschwichtigung des eigenen Gewissens. Laut seiner Selbstbiographie hatte er stets nur günstige Marktsituationen ausgenutzt, und im übrigen hatte »der Himmel« nie aufgehört, »allen meinen kaufmännischen Unternehmungen ein wunderbares Gelingen zu schenken«. So verdiente er am Krimkrieg von 1853 bis 1856 ebenso wie am Amerikanischen Bürgerkrieg von 1861 bis 1865. Insbesondere im Sezessionskrieg machte er, wie er unumwunden zugibt, »sehr bedeutende Geschäfte« mit Baumwolle und später, als nach Beendigung der Blockade der nordamerikanischen Südhäfen, ab 1862, wieder die Einfuhr von Tee auf dem Seeweg gestattet war, »große Geschäfte in Tee«. Ihm, dem Predigerssohn, mochte der in recht irdischer Münze ausgezahlte »himmlische Segen« auch als Wiedergutmachung für erlittene Not erschienen sein.

Obwohl Schliemann nach eigenem Bekunden nie aufgehört hatte, an seine Jugendliebe Minna Meincke zu denken, war er seit 1852 verheiratet. Aus der unglücklichen Ehe, die 1868 geschieden wurde, gingen ein Sohn und zwei Töchter hervor. Seine Frau, Katharina Lyschin, eine Russin, kommt in der Schliemann-Literatur ziemlich schlecht weg. Die Selbstbiographie, die nach seinem Tod von seiner zweiten Frau, Sophia, herausgegeben wurde, erwähnt den Namen Katharinas nicht einmal. Andere Schliemann-Biographien übergehen sie entweder gleichfalls mit Schweigen oder entwerfen ein rundum ungünstiges Bild von ihr. Was Schliemann ihr angetan hat, erfahren wir dagegen nie. Seine Briefe an sie strotzen von selbstgefälliger Scheintoleranz. Immer wieder versuchte er, sich ihre Zuneigung durch finanzielle Angebote zu erkaufen. Gleichzeitig beklagte er voller Selbstmitleid, daß Katharina, nachdem sie ihm drei Kinder geboren hatte, ihm die weitere eheliche Gemeinschaft verweigerte. Besonders zartfühlend ging Schliemann, bei aller Wahrung der äußeren Formen, mit dieser Partnerin jedenfalls nicht um, und man kann sich eigentlich nur wundern, daß Katharina es so lange bei einem dermaßen selbstgerechten Partner aushielt. Als sich die Eheleute 1868 auch formell trennten, war der innere Bruch längst vollzogen.

Schliemann befand sich auf neuen Wegen. 1863 hatte er begonnen, seine Geschäfte zu liquidieren. Kam der nun Einundvierzigjährige in jene »Krise in der Mitte des Lebens«, die viele veranlaßt, ihre Angelegenheiten neu zu ordnen, sich beruflich, in ihren Partnerbeziehungen und ihrem ganzen Lebensstil neu zu orientieren? Mag sein, daß dergleichen bei Schliemann eine Rolle spielte. Im Grunde jedoch bedeutete der neue Weg die Rückkehr zum Traum seiner Kindheit, auf dessen Verwirklichung er unentwegt hingearbeitet hatte. Nun war die Zeit gekommen. Endlich verfügte er über die Mittel, die nötig waren, sich seinen Kindheitswunsch zu erfüllen.

Doch Schliemann überstürzte nichts. Er lernte weitere Sprachen, unternahm eine Weltreise, die ihn unter anderem nach Indien, China, Japan und Amerika führte, veröffentlichte – in französischer Sprache – sein erstes Buch, *La Chine et le Japon*, betrieb in Paris, was man damals unter einem Archäologiestudium verstand, reiste nach Griechenland und in die Troas, führte auf Ithaka erste Grabungen durch, schrieb ein zweites Buch, *Ithaka, der Peloponnes und Troja*, und erwarb ein Doktordiplom der Universität Greifswald.

Bevor Schliemann nunmehr sein eigentliches Lebenswerk begann, die Ausgrabung Trojas, suchte er sich eine neue Lebensgefährtin. Seine Wahl fiel auf eine Griechin, Sophia Engastromenos, die er 1869 heiratete. Bei der Brautschau hatte ein griechischer Bischof die Hand im Spiel, der von Schliemann regelrecht beauftragt worden war, ihm eine Frau zu suchen. Dies nimmt sich nicht nach spontaner, himmelstürmender Verliebtheit aus, sondern erinnert eher an ein geschäftliches Arrangement. Nichtsdestoweniger scheinen Heinrich Schliemann und die dreißig Jahre jüngere Sophie ein recht gutes Gespann abgegeben zu haben.

Sophia Schliemann war eine kluge und energische Frau. Sie scheint Selbstbewußtsein besessen zu haben, und mancher Zug ihrer Persönlichkeit nimmt sich geradezu emanzipatorisch aus. Vielleicht beherrschte sie aber auch nur jene Verhaltensweisen, die unter besonders kraß patriarchalischen Verhältnissen aufgewachsene Frauen anzunehmen gezwungen sind, um sich wenigstens einen Teil der Rechte zu erlisten, die ihnen die Männer ansonsten verweigern. Jedenfalls wußte sie Schliemann zu nehmen, obwohl sie am Anfang durchaus nicht viel von der Werbung des Siebenundvierzigjährigen hielt, der seinerseits davon hingerissen war, wie sie, erst siebzehn Jahre alt, in ihrer Athener Oberschule »ganz unaffektiert und ohne gekünstelte Gesten« Helenas Klage um Hektor rezitierte. Auf eigenartige Weise erinnert diese enge Verbindung von Homer-Schwärmerei und Verliebtheit an Schliemanns romantische Jugendliebe, und in der Tat stand Sophia ihrem so viel älteren Mann bald schon bei der Verwirklichung seines Jugendtraums eng zur Seite. Mag sein, daß sie deshalb mehr als ihre Vorgängerin Katharina dem Wunschbild entsprach, das sich Heinrich Schliemann seit den Tagen seiner Freundschaft mit Minna Meincke von Frauen machte; vielleicht übertrug er sogar ein Stück seiner Zuneigung zu der unvergessenen Jugendliebe auf sie. Sophia bestärkte ihn jedenfalls in seiner Schwärmerei für Homer. Als beide in Hissarlik den sogenannten Schatz des Priamos gehoben hatten, der freilich, da viel zu alt, nichts mit dem trojanischen König Priamos der *Ilias* zu tun haben konnte, posierte sie, angetan mit den goldschimmernden Schmuckstükken, als »schöne Helena« für ein Foto.

Typisch für Schliemann war sein Vorgehen in der Troas, das ihn abermals als ganz und gar buchstabengläubigen Homer-Romantiker zeigt. Der von zwei Franzosen, Choiseul-Gouffier und Le Chevalier, als das Troja der Überlieferung favorisierte Ruinenhügel Bali Dağ bei Bunarbaschi lag ihm zu weit vom Meer entfernt. Mit der Uhr in der Hand schritt Schliemann den Weg von Bunarbaschi zu jenem Vorgebirge am Meer ab, wo laut *Ilias* die Schiffe der Achaier gelegen haben sollten. Und er errechnete: Wenn er alle in der *Ilias* geschilderten operativen Bewegungen berücksichtigte, müßten die Achaier in den neun Kampfstunden des ersten Tags der Schlacht um Troja nicht weniger als vierundachtzig Kilometer zurückgelegt haben! Außerdem beschreibt die *Ilias*, wie Achill, »der mutige Renner«, Hektor im Zweikampf dreimal rings um »Priamos' Feste«, also Troja, jagte. Bei Bunarbaschi war dies nicht möglich. Es gab hier eine Stelle, wo man auf allen vieren über einen Steilhang klettern mußte, wenn man den Hügel umrunden wollte. Schließlich ist in der *Ilias* von einer heißen und einer kalten Quelle die Rede; beide sollten aus dem Hügel entspringen, auf dem sich Troja erhob, und beide ergossen sich in den »wirbelvollen« Bach Skamandros. Quellen gab es in Bunarbaschi in der Tat – aber nicht zwei, sondern deren vierunddreißig zählte Schliemann, und sein türkischer Führer, der ihn bei seinem ersten Besuch in der Troas begleitete, sprach sogar von »vierzig Quellen«, türkisch »kirk giös«. Außerdem wiesen die Quellen keinerlei Temperaturunterschiede auf, obwohl Choiseul-Gouffier dies behauptet hatte; sie waren vielmehr gleichmäßig lau, und die Dörflerinnen von Bunarbaschi waschen noch heute ihre Wäsche darin.

Ganz anders der Ruinenhügel von Hissarlik, zweieinhalb Wegstunden nördlich von Bunarbaschi. Schon im Altertum hatte dieser Platz als Neu-Ilion, das heißt als Nachfolgeort Alt-Trojas, gegolten, und sogar sein türkischer Name, der wörtlich »Palast« bedeutet, bewahrt etwas von dieser Überlieferung. Tatsächlich gab es zur Zeit Schliemanns schon Troja-Enthusiasten, die Hissarlik vor Bunarbaschi den Vorzug gaben. Zu ihnen gehörte Frank Calvert, der in England geborene US-Vizekonsul im Dardanellengebiet. Er hatte einen Teil des Hügels von Hissarlik gekauft und besaß dort eine Villa. Auch Ausgrabungen hatte er bereits durchgeführt. Nach angelsächsischen Darstellungen war sogar er es, der Schliemann auf die Idee brachte, Hissarlik sei der »richtige« Hügel; Schliemann habe den Vorschlag »mit gewohnter Begeisterung« aufgegriffen und daraufhin in Hissarlik zu graben begonnen, nachdem seine ersten Sondierungen 1868 am Bali Dağ bei Bunarbaschi ergebnislos verlaufen waren.

Wie dem auch sein mochte – der Hügel von Hissarlik lag jedenfalls näher am Meer als der Bali Dağ von Bunarbaschi. Auch war er von einander verfolgenden Zweikämpfern leicht zu umrunden. Wieder begann Schliemann zu rechnen. Diesmal kam er zu dem Ergebnis, daß Hektor und sein Verfolger Achill bei ihrer dreimaligen Umrundung fünfzehn Kilometer zurückgelegt haben mußten, eine Leistung in der Hitze des Kampfes, die Schliemann für möglich hielt. Leider hatte Hissarlik im Gegensatz zu Bunarbaschi überhaupt keine Quellen aufzuweisen. Doch Frank Calvert konnte Schliemann beruhigen: Auch in Hissarlik hatte es schon Quellen gegeben, die allerdings bald wieder verschwunden waren, und es befanden sich sogar Thermalquellen darunter. Zu guter Letzt war es für Schliemann ein weiteres Argument, daß man von Hissarlik aus den 1750 Meter hohen Ida – heute Kaz Dağ – erblickt, von dessen Gipfel Zeus auf Troja hinabschaute.

So fing Schliemann, von seiner jungen Frau Sophia und vier türkischen Arbeitern unterstützt, am 9. April 1870 in Hissarlik an zu graben, obwohl er noch gar keine Grabungserlaubnis hatte (als offizieller Grabungsbeginn gilt daher erst das Jahr 1871). Hoch oben auf dem Scheitel des Gipfelplateaus ließ er einen Graben ausheben, hieß es doch bei Homer, auf der Höhe der Stadt habe der Tempel der Pallas Athene gestanden, und ringsherum hätten die Götter Poseidon und Apoll die Mauer der Pergamos (Zitadelle) errichtet. Also setzte Schliemann, homergläubig, wie er war, den Spaten dort an, wo er am ehesten Tempel und Zitadelle vermutete. Was er dabei empfand, vertraute er am Abend darauf seinem Tagebuch an: Er habe förmlich den schmucken Paris und die liebreizende Helena nach ihrer Flucht aus Sparta hier landen sehen. Obwohl er bei Sonnenaufgang zu graben begonnen hatte, war es für ihn Nacht, und er sah, wie einst in Jerrers *Weltgeschichte für Kinder,* Trojas Flammen gen Himmel lodern.

Auf der Suche nach dem Tempel und den Göttermauern – die er auch in den folgenden Jahren nicht fand – wühlte Schliemann sich tiefer und tiefer in den Trümmerhügel hinein. Dabei fand er nicht nur die Ruinen von Neu-Ilion, sondern auch, unter ihnen, die Schuttschichten weiterer, älterer Städte – desto älter, je tiefer er kam –, bis er auf den Grund der Schuttmassen vorgedrungen war. Schliemann hatte, wie wir heute sagen würden, einen »Tell« freigelegt.

Tell ist ein arabisches Wort und bedeutet gleich dem iranischen »Tepe«, dem türkischen »Hüyük« und dem makedonischen »Magula« soviel wie »Hügel«. Die Archäologen verstehen allerdings unter Hügeln, denen sie eine der angeführten Bezeichnungen beilegen, Hügel besonderer Art, solche nämlich, die auf die Tätigkeit von Menschen zurückgehen, Hügel aus dem übereinandergeschichteten Trümmerschutt untergegangener, doch immer wieder an gleicher Stelle über dem Schutt der Vergangenheit neu errichteter Ansiedlungen. Derartige Hügel entstanden namentlich im Nahen und Mittleren Osten an Plätzen, wo durch eine Naturkatastrophe, durch Krieg oder Feuersbrunst zerstörte Häuser aus luftgetrocknetem Lehmziegelmauerwerk nicht aus dem alten Material wiederaufgebaut werden konnten, weil sich Lehmziegel nicht ein zweites Mal verwenden lassen. So wuchsen nach und nach Trümmerkegel empor, durchsetzt mit den Resten des Hausrats, der Gefäße, der Geräte, Einrichtungsgegenstände, Schmuckstücke, Waffen. Irgendwann, nach dem soundsovielten Wiederaufbau, gab man dann die Siedlung auf und verließ die Ruinen, die im Lauf der Zeit von Erdreich zugeweht und von schütterer Vegetation bedeckt wurden. Ein solcher Tell konnte beträchtliche Ausmaße erreichen. Beispielsweise hatte das viereckige Gipfelplateau des Tell von Hissarlik eine Seitenlänge von 233 Metern, bei einem Gesamtumfang am Hügelfuß von 5000 Metern.

Diese Tells sind wahre archäologische »Leckerbissen«. Man kann sie anschneiden wie ein Stück Torte und an den Wänden des Schnittes das Profil der archäologischen Schichten ablesen. Man kann sie aber auch »abpellen« wie eine Zwiebel, indem man die einzelnen archäologischen Schichten sozusagen »Haut um Haut« abträgt. Für die Wissenschaft sind Tells deshalb so ergiebig, weil die zahllosen Dinge des täglichen Lebens, welche die Schuttschichten bergen, in kontinuierlicher Zeitabfolge zum Vorschein kommen. Sie berichten vom Wohlstand oder von den Entbehrungen der Bewohner, von ihrem wechselnden oder auch gleichbleibenden Geschmack, von ihrem technischen Wissen, ihren Lebensgewohnheiten und Moden, ihrem Kunststil und dergleichen mehr. Nicht selten hat das Inventar jeder einzelnen Schicht gewisse mehr oder weniger ausgeprägte Besonderheiten. Es ist daher für den Archäologen außerordentlich wichtig, darauf zu achten, aus welcher Schicht welcher Gegenstand stammt und in welchem räumlichen Verhältnis er zu anderen Gegenständen gefunden wurde. Deshalb wird bei Ausgrabungen mit peinlichster Genauigkeit Buch geführt.

Man bezeichnet den Zweig der archäologischen Wissenschaft, der sich mit der Schichtung des archäologischen Materials und den daraus zu ziehenden Folgerungen befaßt, als Stratigraphie, zu deutsch soviel wie »Schichtkunde«. Dieses den Geologen abgeschaute Fach gehört heute zum unentbehrlichen Rüstzeug jedes Feldarchäologen. Als Schliemann den Hügel von Hissarlik durchwühlte, tat man sich allerdings noch schwer damit. Erst zehn bis zwanzig Jahre später erzielte man mit dem stratigraphischen Verfahren die großen Durchbrüche, so bei den Ausgrabungen in Cranborne Chase in Südengland, 1890-1900, durch Augustus Henry Lane-

Fox Pitt-Rivers (1827-1900) sowie in Tell el-Hesi in Südpalästina, 1890-1892, durch William Matthew Flinders Petrie (1853-1942).

Tatsächlich sind die Schichtungsverhältnisse vieler Tells äußerst kompliziert. Beispielsweise kann das Schichtenbild dadurch verunklärt werden, daß Fundamentgruben und Brunnenschächte jüngerer Besiedlungsphasen in den Trümmerschutt älterer, tieferliegender Bodenschichten eingetieft sind. Auch können besonders massive Bauwerke weiterbenutzt worden sein, während die Stadt ringsum in Trümmer gesunken und auf ihnen wiedererstanden war, so daß jene tiefer zu liegen kamen als die neuen Wohnbauten. Je höher ein Tell wurde, desto mehr verjüngte er sich überdies nach oben und desto kleiner geriet die Siedlungsfläche. Man tiefte also unter Umständen Terrassen in die Seitenhänge des Hügels, um Neubauten oder ganze neue Stadtviertel zu errichten. Wurde ein Hügel schließlich zu hoch und zu steil, ließ man die Siedlung einfach an seinem Fuß weiterwachsen; die allerjüngsten Häuser lagen somit auf demselben Bodenniveau wie die Trümmer der allerältesten im Hügelinneren. Mit dem »Anschneiden« und »Abpellen« allein ist es also keineswegs getan, sondern man muß den jeweiligen stratigraphischen Befund stets sorgfältig prüfen.

Schliemann hatte von all dem wenig Ahnung, als er in Hissarlik zu graben begann. Dennoch wurde ihm bald klar, daß er nicht nur auf die Reste einer einzigen Stadt gestoßen war, sondern auf die Überbleibsel einer ganzen Reihe von Städten, die hier nacheinander im Laufe vieler Jahrhunderte an ein und derselben Stelle existiert hatten. Schliemann-

Enthusiasten werden bis heute nicht müde, dies als Großtat[6] zu feiern. Dabei wußte Schliemann noch nicht einmal, durch wie viele Stadtschichten er sich in Hissarlik hindurchgearbeitet hatte. Erst Wilhelm Dörpfeld (1853-1940), den man in Archäologenkreisen scherzhaft als »Schliemanns bedeutendste Entdeckung« bezeichnete und der 1882 zusammen mit Schliemann eine Nachgrabung in Troja durchführte, stellte fest, daß es insgesamt nicht weniger als neun Städte waren, deren Schichten Schliemann angeschnitten hatte.

Welche Schicht aber war das homerische Troja, das des Trojanischen Krieges? Für Schliemann war diese Frage noch schwerer zu beantworten als die nach der Anzahl der verschiedenen Trojas, die er hier übereinander vorfand. Tempel, Zitadelle und »Göttermauern« konnte er nicht finden, denn der Verfasser der *Ilias* – nennen wir ihn getrost weiterhin Homer – ging, wie wir heute wissen, anachronistisch vor, ähnlich jenen Malern etwa des 16. Jahrhunderts, die biblische Szenen in europäische Landschaften und Stadtkulissen ihrer Zeit verlegten. So beschreibt er eine bronzezeitliche Kultur aus der Zeit um 1183 v. Chr. – so der am häufigsten anzutreffende Zeitansatz für den Trojanischen Krieg –, stattet seine bronzezeitlichen Helden aber mit Geräten und Waffen, auch solchen aus Eisen, aus, die man in der Bronzezeit noch nicht kannte. Moderne Archäologen haben, lange nach Schliemann, Homer sehr genau auf die Finger gesehen. Dabei fanden sie heraus, daß die Schilderung der Zeit um etwa 1200 v. Chr. allerlei Ungereimtheiten enthält, anhand deren sich die ungefähre Lebenszeit des Schreibers bestimmen läßt. Und aus all den Vasenformen, den Sitten und Gebräuchen, beispielsweise bei der Leichenbestattung, von denen er berichtet, ergibt sich, daß Homer – oder wer immer sich hinter diesem Namen verbirgt – um 700 v. Chr. gelebt und gewirkt haben muß. Schon deshalb konnte Schliemann keine Stadt finden, die so aussah, wie die *Ilias* sie beschrieben hatte. Ganz offenkundig hat Homer bei der Stadtbeschreibung die Verhältnisse der eigenen Zeit anachronistischerweise auf die bronzezeitliche Vergangenheit übertragen.

Doch wenn es auch mit der erhofften »Göttermauer« zunächst nichts war – seit seiner Kindheit wußte Schliemann, daß das Troja der Homerischen Epen niedergebrannt war. So stand es in der *Ilias*, und so sah man es auf jener Illustration von Jerrers *Weltgeschichte für Kinder*, die einst solchen Eindruck auf ihn gemacht hatte. Also suchte er nach Brandspuren, nach Ruß, Asche, angesengten Trümmern, verkohltem Holz. Dabei wühlte er sich durch eine Schicht nach der anderen, riß Mauern, die ihm im Wege waren, einfach nieder und vernichtete so archäologisches Informationsmaterial von unschätzbarem wissenschaftlichem Wert. Er barg Hausrat, Keramik, Schmuck und anderes Gut in Fülle, doch ging es ihm nur um den Nachweis, daß die Stadt gebrannt hatte. Schließlich fand er Brandspuren, und zwar in der zweiten und der dritten Schicht von unten. Außerdem stieß er auf die Reste mächtiger Wälle und eines gewaltigen Tors. *Das* mußten die »homerischen« Mauern sein, und *das* war ganz gewiß das Skäische Tor, durch das Aineias seinen greisen Vater Anchises ins Freie geschleppt hatte, sein Söhnchen Teukros neben sich! Schliemann hatte gefunden, was er kannte. Der berühmte »Schatz des Priamos«, der ihm 1873, kurz vor Grabungsende, zufiel, war dann nur noch eine delikate Zugabe.

Heute freilich wissen wir, daß Schliemann sich in allem irrte. Strenggenommen steht es noch nicht einmal fest, ob die Stadt, von der Dörpfeld in Schliemanns Gefolge neun Siedlungsschichten nachwies, überhaupt etwas mit dem Troja Homers zu tun hat. Im Grunde fand Schliemann nichts als eine alte Stadtfestung mit turmbewehrtem Mauerring im Nordwesten Kleinasiens, die mehrmals Opfer irgendwelcher Katastrophen wurde und immer wieder auf dem Schutt der Vergangenheit neu erstand. Die Beziehungen dieser Stadt zu Homer sind recht allgemeiner Art. Allerdings paßt die Ortslage gut zu den Geländeangaben der *Ilias*. Ferner gab es die alte Tradition, daß es sich um das Neu-Ilion der Antike handelte. Doch eine Inschrift oder irgendeinen anderen klaren Beweis dafür, daß er auf das Troja Homers gestoßen sei, fand Schliemann nicht. Seine Argumentation beruhte lediglich auf gewissen Anhaltspunkten, die, juristisch betrachtet, allenfalls für einen vagen Indizienbeweis ausgereicht hätten – die Archäologen sprechen in solchen Fällen von »zirkumstantieller Evidenz«.

Indessen kann Schliemanns Troja-Hypothese immerhin zutreffen, und es gibt heute genügend Archäologen und Historiker, die dies für möglich halten. Zumindest mag Schliemann teilweise recht gehabt haben. Einem schweren Irrtum aber erlag er, als er die zweitunterste Schuttschicht im Tell von Hissarlik zum »Troja Homers« erklärte, jene Schicht, aus welcher der sogenannte Schatz des Priamos stammte. Dörpfeld, auf den die Bezifferung der Bauperioden Trojas zurückgeht, hat nachgewiesen, daß Troja II, das er wiederum in mehrere Bauunterperioden gliederte, um Jahrhunderte zu alt war, um als Troja der *Ilias* überhaupt in Frage zu kommen. Wenn eine der Besiedlungsphasen Chancen hat, als das »Troja der Epen« angesehen zu werden, dann wohl am ehesten Troja VI, dessen mächtige Häuser und massive Mauern Dörpfeld freilegte, als er 1893 bis 1894, nach Schliemanns Tod, die Ausgrabungen in Hissarlik fortsetzte. In Troja VI zutage geförderte Einfuhrtöpferware zeigt, daß diese Schicht, die sehr viel jünger war als Troja II, eine blühende Stadt gewesen sein muß, als in Griechenland die bedeutendsten Zentren der mykenischen Kultur (Mykene, Tiryns) auf dem Gipfel ihrer Entwicklung standen. Troja VI, um 1300 v. Chr., war eine monumentale Burg des Mykenischen Zeitalters. Freilich wurde es nicht durch fremde Angreifer zerstört, sondern durch ein Erdbeben. Als homerisches Troja ist daher auch Troja VII A im Gespräch. Doch vielleicht werden wir nie erfahren, welches das »echte« Troja war . . .

Immerhin war Troja VII A jünger als Troja VI und damit näher an der überlieferten Zeit des Trojanischen Krieges. Es setzte nach der Erdbebenkatastrophe, die Troja VI betroffen hatte, dessen Kultur bruchlos fort. Und es besaß eine Zitadelle, die den Stadtbewohnern anscheinend in Notzeiten als Zufluchtsstätte diente; innerhalb ihrer Mauern standen bescheidene, hastig errichtete Bauwerke, in deren Böden große Vorratsgefäße für Öl und Honig eingelassen waren. Diese Stadt nun ging in einem gewaltigen Brand ugrunde. In der von ihr zeugenden Siedlungsschicht fand man Fragmente menschlicher Schädel in den Straßen, dazu Pfeilspitzen festlandgriechischen Typs – Anzeichen für eine gewaltsame Eroberung durch Krieger, die vom griechischen Festland kamen. Dies alles paßt am ehesten zu den in Homers *Ilias* festgehaltenen altgriechischen Überlieferungen über den Trojanischen Krieg. Schliemann erlebte diese Entdeckungen nicht mehr. Sie wurden in den Jahren 1932 bis 1938 von den beiden US-amerikanischen Forschern Carl Blegen und W.T. Semple gemacht, die damals in Troja neuerlich Grabungen durchführten.

Als Schliemann nach der ersten großen Grabungskampagne in Troja 1876 auch Mykene ausgrub, lagen die Dinge anders. Erstens war Mykenes Ortsansatz, anders als der Trojas, nie umstritten. Zweitens hatte Schliemann aus seiner Tätigkeit in Troja viel gelernt; er besaß nun archäologische Felderfahrung. Und drittens lag in Mykene der Hauptakzent nicht auf der Ausgrabung der antiken Stadt, deren »Kyklopenmauern« und Löwentor seit Menschengedenken sichtbar waren, sondern auf den außergewöhnlich reich ausgestatteten Königsgräbern, in denen Schliemann das Formeninventar der von nun an als »mykenisch« bezeichneten spätbronzezeitlichen Kultur Griechenlands entdeckte.

Die Grabungen in Mykene und die Entdeckung der mykenischen Kultur erschlossen der Homer-Forschung ganz neue Horizonte. Schliemann indessen blieb bei seiner wissenschaftlich unergiebigen, doch um so publikumswirksameren Homer-Schwärmerei und glaubte nach wie vor unerschütterlich an die Tradition. In diesem Fall hielt er sich an den verhältnismäßig späten griechischen Reiseschriftsteller Pausanias, der in der zweiten Hälfte des 2. Jahrhunderts n. Chr. lebte. Pausanias hatte von Gräbern berichtet, die innerhalb der Mauern Mykenes lägen und bei denen es sich angeblich um die Gräber des homerischen Helden Agamemnon und seiner Gefährten handelte.

Als Schliemann auf sechs Schachtgräber mit Skeletten und äußerst wertvollen Beigaben stieß, glaubte er abermals gefunden zu haben, was er kannte: Gräber mit derart kostbarem Inhalt konnten nur die Grabstätten homerischer Helden sein. Berühmtheit erlangte das Telegramm, das er im Überschwang seiner Begeisterung an den König Griechenlands, Georg I., einen gebürtigen Dänen, sandte: »An Seine Majestaet Koenig Georg der Hellenen, Athen. Mit aussergewoehnlicher Freude melde ich Ew. Majestaet, dass ich die Graeber entdeckt habe, welche die Tradition als die Agamemnons, der Kassandra, Eurymedons und ihrer Kameraden bezeichnet, getoetet waehrend der Mahlzeit durch Klytaemnestra und ihren Liebhaber Aegisthos.«

Doch ebenso wie in Troja irrte Schliemann auch hier. In Hissarlik hatte er eine viel zu alte Besiedlungsschicht für das Troja der Epen gehalten. In Mykene fiel er auf viel zu alte Gräber herein. Bei späterer, genauerer Überprüfung stellte es sich nämlich heraus, daß die Grabstätten bereits aus dem 16. Jahrhundert v. Chr. stammten und allenfalls bezeugten, wie reich Mykene schon drei, vier Jahrhunderte vor dem sagenumwobenen Trojanischen Krieg war.

Schliemann allerdings wußte dies noch nicht. Seit frühester Kindheit hatte er mit Agamemnon gewissermaßen auf du und du gestanden. Und als er nun im Schachtgrab Nr. V in Mykene jene nachmals so berühmte Goldmaske mit dem fast ikonenhaften Ausdruck ihrer Gesichtszüge fand, glaubte er allen Ernstes, ins Antlitz Agamemnons zu blicken.

Einen bronzezeitlichen Bau, der endlich den Palastschilderungen der Homerischen Epen entsprach, entdeckte Schliemann 1884 in Tiryns. Nun begann ihm aufzugehen, daß seine früheren Zeitansätze nicht stimmen konnten, denn in diesem Palast fand sich ganz andere Keramik als in den von ihm als »homerisch« angesehenen Bauten in Mykene und Troja.

Doch Schliemann kam nicht mehr dazu, seine Ansichten zu revidieren. Im Vertrauen auf seine kräftige Natur hatte er den ärztlichen Rat seines Freundes Rudolf Virchow in den Wind geschlagen und sich nach einer schweren Mittelohroperation viel zu früh auf Reisen begeben. Dies wurde ihm zum Verhängnis. Es kam zu einer Entzündung, die auf das Gehirn übergriff. Am Weihnachtstag 1890 brach Schliemann auf der Piazza della Santa Carità in Neapel zusammen. Man brachte ihn in eine Klinik. Er war bei Bewußtsein, hatte aber die Sprache verloren. Tags darauf, am zweiten Weihnachtstag 1890, starb er. Seinen Leichnam brachte man nach Athen, das dem mecklenburgischen Pastorssohn zur zweiten Heimat geworden war. Einst waren Gelehrte aus aller Welt mit beißendem Spott über ihn hergefallen. Nun wurde sein Begräbnis zu einem Triumphzug.

Gewiß hatte Schliemann, vor allem anfangs, schwere methodische Fehler begangen, durch die wissenschaftlich wertvolles archäologisches Material unwiederbringlich zerstört worden war. Nicht nur Gegner griffen ihn deshalb an; selbst Freunde und Bewunderer mußten und müssen dies zugeben. Sein unerschütterlicher Glaube, mit dem Spaten beweisen zu können, daß Homers Schilderungen wortwörtlich zutrafen, rief das Hohngelächter fast der gesamten Fachwelt hervor. Doch die hartnäckige Beharrlichkeit, mit der er sein Ziel verfolgte, erregte schließlich nicht nur Widerspruch, sondern erwirkte ihm auch Respekt. Die Art, wie er seine Entdeckungen bekanntgab, wirkte sicherlich auf so manchen zurückhaltenden Gelehrten als »Marktschreierei« – dies war einer der Vorwürfe, die man Schliemann machte –, doch sie vermittelte der breiten Öffentlichkeit auch ein gutes Stück von Schliemanns Entdeckerfreude und rief Begeisterung hervor. Schliemann war einer jener Pioniere, durch welche die Archäologie zur vielleicht populärsten aller Wissenschaften wurde, und viele Archäologen, bis in die jüngste Zeit, haben bekannt, bei der Lektüre der Entdeckungen Schliemanns erstmals den Wunsch verspürt zu haben, eines Tages selbst mit dem Spaten auszuziehen, um vergangene Kulturen zu erforschen. Mochten Schliemanns Funddeutungen wie »Schatz des Priamos« oder »Goldmaske Agamemnons« Ausgeburten einer blühenden Phantasie sein, die wissenschaftlicher Kritik nicht standhielten – letztlich zählte, was Schliemanns Freund, der vielseitige und selbst als Archäologe tätige Berliner Pathologe Rudolf Virchow, in den Worten zusammenfaßte: »Es ist eine müßige Frage, ob Schliemann am Beginne seiner Untersuchungen von richtigen oder unrichtigen Voraussetzungen ausging. Nicht nur der Erfolg hat für ihn entschieden, sondern auch die Methode seiner Untersuchungen hat sich bewährt. Es mag sein, daß seine Voraussetzungen zu kühn, ja willkürlich waren, daß das bezaubernde Gemälde der unsterblichen Dichtung seine Phantasie zu sehr beflügelte, aber dieser Fehler des Gemüts, wenn man ihn so nennen darf, enthielt doch auch das Geheimnis seines Erfolges. Wer würde so große, durch lange Jahre fortgesetzte Arbeiten unternommen, so gewaltige Mittel aus eigenem Besitz aufgewendet, durch eine fast endlos scheinende Reihe aufeinandergehäufter Trümmerschichten bis auf den in weiter Tiefe gelegenen Urboden durchgegraben haben, als ein Mann, der von einer sicheren, ja schwärmerischen Überzeugung durchdrungen war? Noch heute würde die gebrannte Stadt in der Verborgenheit der Erde ruhen, wenn nicht die Phantasie den Spaten geführt hätte.«

Schliemann fand bei seinen Grabungen in überreichem Maße Gold. Dessen Schimmer trug erheblich zu der Faszination bei, die von Schliemann ausging. Außerdem entstand namentlich unter Laien, die Schliemanns Bedeutung schwerlich abzuschätzen wußten, der Eindruck, hier habe ein Außenseiter der engstirnigen Fachgelehrtenzunft gezeigt, wie man Archäologie zu betreiben habe.

Beides verstellt den Blick auf das, was Schliemann war. Schliemann war kein Antiwissenschaftler. Er suchte stets Verbindung zu »zünftigen« Gelehrten, wünschte sich nichts sehnlicher als deren Anerkennung und war über die Feindseligkeit, die ihm aus etablierten Fachkreisen entgegenschlug, zutiefst bestürzt. Er war auch kein Schatzgräber, kein Goldsucher. Seine Lebensgeschichte ist die Geschichte von einem Besessenen, der ausgezogen war, um zu finden, was er seit frühester Jugend kannte. Daß die Erfüllung seines Kindheits- und Jugendtraumes mit seinem Ehrgeiz, seinem Streben nach Erfolg und seinem persönlichen Glücksverlangen gekoppelt war, entsprach ebenso der Denkweise des Bürgertums wie die Art, diesen Traum zu verwirklichen. Schliemann war ein Kind seiner Zeit, auch darin, daß er in einem Jahrhundert, das so genau von der Vergangenheit wissen wollte, »wie es eigentlich gewesen« (Leopold von Ranke), nicht mehr nur nach Kunstwerken grub, sondern als erster mit dem Spaten nach Geschichte zu forschen begann.

Woolley und die Sintflut

Das Jahr 1929 war ein Jahr der Krisen, aber auch der Hoffnungen. Man sprach von dem am 13. April 1928 geschlossenen Kellogg-Pakt, einem Kriegsächtungsabkommen, dem bis Ende 1929 vierundfünfzig Staaten beitraten. Am 9. Februar 1929 war das Litwinow-Protokoll unterzeichnet worden, in dem die Sowjetunion, Rumänien, Polen sowie die damals souveränen Staaten Lettland und Estland sich auf ein Nichtangriffspaktsystem einigten. Und im März desselben Jahres hatte der Außenminister des Deutschen Reiches, Gustav Stresemann, eine große Rede über den Schutz der Minderheiten gehalten.

Dies alles konnte hoffnungsvoll stimmen. Auch technisch war man voller Optimismus. Am 20./21. Mai 1927 hatte der US-amerikanische Pilot Charles Lindbergh als erster den Atlantik im Alleinflug überquert, 1928 war das Zeppelin-Luftschiff LZ 127 in Dienst gestellt worden, ein Luxusliner der Lüfte mit schicken Kabinen und hochelegantem Speisesaal, und ebenfalls 1928 brachte die Firma Hanomag jenen Kleinwagen heraus, den der Volksmund mit der damals üblichen Vorliebe für militaristische Vergleiche »Kommißbrot« taufte und den man jahrelang in Tausenden von Exemplaren auf deutschen Straßen sah.

Ungeachtet dieser positiven Akzente mehrten sich die Anzeichen einer schweren Krise. Der Börsenkrach vom 28. Oktober 1929, dem »Schwarzen Freitag«, die Weltwirtschaftskrise, ein ungeahnter Produktionsrückgang, Massenarbeitslosigkeit und unvorstellbares Massenelend standen unmittelbar bevor. Die Flut dieses Elends sollte die Nationalsozialistische Deutsche Arbeiterpartei Adolf Hitlers binnen weniger Jahre an die Macht treiben, mit propagandistischer Unterstützung durch den Pressezaren Alfred Hugenberg, der gemeinsam mit Hitler gegen alles wetterte, was einer Aussöhnung mit den ehemaligen Weltkriegsgegnern galt. Einen Vorgeschmack auf das, was bevorstand, war das Verbot des Rotfrontkämpferbundes (1929). In Italien schloß das faschistische Mussolini-Regime am 11. Februar 1929 mit dem Vatikan die sogenannten Lateranverträge ab, die dem Papsttum unter anderem eine enorme Geldsumme einbrachten.

Mitten in diese Zeit voller Widersprüche, voller Hoffnungen, aber auch voller Vorzeichen drohender Gefahr platzte die Nachricht, man habe Spuren der biblischen Sintflut entdeckt, die Erzählung der Genesis (1. Mos. 6,1-8,22) sei also keine Legende, sondern beruhe auf Wahrheit. Der Zeitpunkt der Entdeckung konnte kaum geeigneter sein, stand doch die Menschheit am Vorabend einer der größten Krisen der Weltgeschichte; unter solchen Bedingungen blüht die Wundergläubigkeit. Überdies war es kein Scharlatan, der da behauptete, auf handfeste Zeugnisse der alttestamentlichen Sintflut gestoßen zu sein, sondern ein hochangesehener britischer Archäologe, dessen Name in Fachkreisen den besten

Klang hatte: Charles Leonard Woolley (1880-1960), der seit 1922 das alte sumerische Zentrum Ur (Tell al-Muqayyar) ausgrub. Ebendort wollte er auch auf die angeblichen Sintflutspuren gestoßen sein.

Woolley besaß viel Felderfahrung. Seine ersten archäologischen Sporen hatte er sich in Ägypten, Nubien und im nördlichen Zweistromland verdient. In Ur leitete er eine gemischte britisch-US-amerikanische Expedition. Zu seinen spektakulärsten Entdeckungen zählten die sogenannten Königsgräber von Ur, die mit ihren kostbaren Grabschätzen beinahe dem kurz zuvor von Howard Carter im oberägyptischen »Tal der Könige« freigelegten Tutanchamun-Grab Konkurrenz machten.

In Ur freilich, das 241 Kilometer südöstlich von Babylon und damit ziemlich genau in der Mitte des Weges zwischen Babylon und dem heutigen Scheitelpunkt des Persischen Golfs liegt, war die Atmosphäre dermaßen »biblisch aufgeladen«, daß man schon auf die Idee verfallen konnte, eine weit übermannshohe Schicht von Flutablagerungen tief unter dem heutigen Bodenniveau, die Überreste der kupfersteinzeitlichen Al-'Ubajd-Kultur von den darüberliegenden Besiedlungsschichten trennt, mit in der Bibel geschilderten Vorgängen zu erklären. Immerhin galt Ur als Heimat des Erzvaters Abraham (1. Mos. 11,28 und 31;12,1).

Woolley nahm die auf Abraham bezogenen Aussagen der Bibel ganz ernst und ließ sogar die Rekonstruktionszeichnung eines »Hauses aus der Zeit Abrahams« anfertigen, obwohl niemand weiß, wann Abraham lebte, sofern es ihn wirklich gegeben hat. Mittlerweile sind die bisher üblichen, auf biblischen

Zeitangaben beruhenden Zeitansätze für die alttestamentlichen Patriarchen durch neueste Forschungen in Frage gestellt. Auch damals gab es bereits bibelkritische Einwände. Doch Woolley kümmerte sich nicht um sie; hierin ähnelte er Heinrich Schliemann, der ein halbes Jahrhundert zuvor die Vorbehalte kritischer Homer-Philologen in den Wind geschlagen hatte. »Wir müssen«, so schrieb Woolley mit Blick auf Abraham, »unsere Auffassung von dem hebräischen Patriarchen entscheidend revidieren, wenn wir sehen, in welch anspruchsvoller Umwelt er seine Jugendzeit verbrachte. Er war der Bürger einer großen Stadt und erbte die Tradition einer alten und hochorganisierten Zivilisation.«

Die Wahrheit sieht anders aus. Gewiß, es gab in Ur bereits eine verhältnismäßig anspruchsvolle Wohnkultur; ob sie etwas mit Abraham zu tun hatte, ist jedoch sehr fraglich. Und daß Namen, wie die Patriarchen sie tragen, sich schon auf recht frühen Tontafeln finden, beweist noch lange nicht, daß die Erzväter Personen aus Fleisch und Blut waren und keine Personifikationen. Gerade in der Bibel stehen immer wieder Einzelpersonen als Chiffren für Länder, Völker, Stämme oder Städte. Niemand vermag mit Sicherheit auszuschließen, daß auch Abraham und seine unmittelbaren Nachkommen fiktive, »synthetische« Gestalten sind, die symbolhaft Vorstellungen repräsentierten, welche die sehr viel später lebenden Verfasser der biblischen Schriften mit den Vorstufen und frühesten Phasen der Geschichte des Volkes Israels verknüpften. Und wenn laut alten Tontafeln seinerzeit in Ur die in der Bibel angeführten Patriarchennamen geläufig waren, so beweist das allenfalls, daß die entsprechenden Erzählungen des Alten Testaments in diesem einen Punkt das Kolorit jener Zeit wiedergaben.

Doch was heißt hier »jener Zeit«? Nach Berechnungen, die man anhand der biblischen Angaben anstellte, müßte Abraham um 2000 v. Chr. oder kurz danach gelebt haben. Andererseits erwähnen die Patriarchengeschichten Rechtsbräuche, wie wir sie inzwischen von Tontafeln aus Nuzi (Jorgan Tepe bei Kirkuk) im nordöstlichen Zweistromland kennen. Diese Tontafeln stammen aber aus erheblich späterer Zeit, nämlich um 1500 v. Chr. Bedenkt man überdies, daß die Bibel Abraham von Ur im äußersten Süden Mesopotamiens nach dem weit im Norden des Zweistromlandes gelegenen Harran wandern läßt, dann bleibt die Einheit von Ort und Zeit so wenig gewahrt, daß es wirklich näherliegt, Abraham und die anderen Erzväter als Kunstfiguren zu betrachten, in denen sich Elemente verschiedener Kulturen, Regionen und Völker mischen. Diesen Kunstfiguren haftet außerdem ein stark anachronistischer Zug an, denn sie gehören gleichzeitig unterschiedlichen Phasen der altvorderorientalischen Geschichte an.

Vielleicht war Israels angeblicher Ahnherr Abraham ebenso eine mythische Gestalt wie Aineias, der nicht weniger mythische Gründungsheros Roms. Beide haben ohnehin viel Ähnlichkeit miteinander. Sie stammten angeblich aus bedeutenden Städten – Aineias aus Troja, Abraham aus Ur – verließen dann beide ihre Heimatstadt und irrten in der Welt umher, bis sie schließlich beinahe ihr Ziel erreichten: Aineias gründete Alba Longa (noch nicht Rom selbst), Abraham etablierte sich in Hebron. Vielleicht hatte Abraham, der in der Bibel einen seltsamen Namenswechsel von Abram (»Vater der Erhebung«) zu Abraham (»Vater der Menge«) durchmacht, gar mit dem altorientalischen Mondgott zu tun, der sowohl in Ur als auch in Harran verehrt wurde, den beiden Orten, die in der Abraham-Überlieferung eine besondere Rolle spielen. Viele Völker in aller Welt leiten sich von göttlichen Ahnen ab. Möglicherweise war auch Abraham ursprünglich ein göttlicher (mondgöttlicher?) Ahnherr der frühen Hebräer, der nur von den Autoren der sehr viel später entstandenen Bibel vom Himmel auf die Erde geholt und für die biblische Religion vereinnahmt wurde, seine Stammvaterrolle aber beibehielt.

Woolley freilich waren derartige Überlegungen fremd. Ihm galt Abraham nicht als bloße Personifikation historischer Verhältnisse, als synthetische Figur aus Gegebenheiten unterschiedlicher Epochen und Kulturen, und erst recht nicht als ein vom Himmel auf die Erde versetzter göttlicher Urahn Israels. Er sah in Abraham auch keinen legendären Gründerheros. Für ihn, der die Bibel für bare Münze nahm, war Abraham vielmehr eine frühgeschichtliche Persönlichkeit, die ehedem gelebt hatte, und unter diesem Aspekt grub er auch die biblische Stadt Ur aus, so wie Schliemann einst nach dem Troja der griechischen Epen gegraben hatte, die für ihn gleichfalls über jeden Zweifel erhaben waren. So fand auch Woolley, was er kannte. Und er kannte die Bibel. Ihre kritische Interpretation dagegen ließ er unbeachtet.

Demgemäß lag für ihn der Gedanke an die Sintflut der Genesis am nächsten, als er 12 Meter unter dem heutigen Bodenniveau auf eine rund 2,5 Meter mächtige Flutschicht stieß, bestehend aus lehmigen Ablagerungen, die keinerlei archäologisches Material enthielt. Dabei machte es ihn nicht einmal stutzig, daß von fünf Schächten, die er in die Tiefe trieb, nur zwei überhaupt Flutablagerungen aufwiesen. Eines allerdings wunderte Woolley: Nach seinen Berechnungen mußte die Flut, auf deren Hinterlassenschaft er gestoßen war, »nur« ein Gebiet von 630 Kilometer Länge und 160 Kilometer Breite bedeckt haben. Die biblische Sintflutsage spricht indessen – ebenso wie die Sintflutsagen anderer Völker – von einer *weltweiten* Überschwemmung. Woolley behalf sich mit dem Argument, für die Autoren der biblischen Sintfluterzählung sei dies eben »die ganze Welt« gewesen.

Doch selbst das trifft nicht zu. Denn die Überschwemmung in Ur führte keineswegs zur Aufgabe der Siedlung; sie hinterließ nicht einmal eine Besiedlungslücke. Weiterhin fand man zwar Überschwemmungsspuren auch anderswo in Mesopotamien, so in Fara (Schuruppak), Kisch und Ninive. Andererseits aber fehlen sie an Orten, wo sie vorhanden sein müßten, wenn tatsächlich ganz Mesopotamien überschwemmt gewesen wäre. Schließlich stellte es sich bei genaueren Untersuchungen heraus, daß die Überschwemmungsspuren an den einzelnen Grabungsstätten verschiedenen Perioden zuzuordnen waren. Mit anderen Worten: Man hat es hier mit der Hinterlassenschaft mehrerer lokaler Ereignisse zu tun. Doch von einer weltweiten Überflutung, wie die Bibel sie schildert, kann in diesem Zusammenhang nicht die Rede sein.

hang nicht die Rede sein.

In der Genesis heißt es (1. Mos. 8,4), die Arche, in der Noah, seine Familie und das mit an Bord genommene Getier die Flutkatastrophe überlebten, sei schließlich auf dem Ararat gelandet. Der Ararat, türkisch Ağri Daği, ist ein 5165 Meter hoher, von ewigem Schnee bedeckter Bergriese im heutigen sowjetisch-türkischen Grenzgebiet. Keine Flut der Welt war jemals mächtig genug, eine »Arche« oder irgendein anderes Wasserfahrzeug auf diese Höhe emporzuhieven, schon gar nicht die von Woolley in Ur ausgemachte. Was Woolley fand, waren die Spuren einer begrenzten Katastrophe. Die Sintflut der Bibel bleibt im Bereich kosmologischer Sagen angesiedelt, und andere Funde hölzerner Überreste der Arche Noah auf dem Ararat stammen aus dem Nachrichtenrepertoire für Sauregurkenzeiten.

Was Woolley in Ur trieb, bezeichnet man als »Bibelarchäologie«. Dieser Ausdruck findet sich allerdings nur in einem Teil der archäologischen Literatur. In der Regel gehört er mehr zum journalistischen Sprachgebrauch, und nicht selten drückt er eine gewisse Geringschätzung aus. Der »bibelarchäologische Ansatz« ist die Konfrontation archäologischer Grabungsbefunde mit biblischen Aussagen. Man sollte sich aber davor hüten, ihn mit vorwissenschaftlichen Vorstellungen von der Bibel als einziger Quelle des Wissens über die Vergangenheit der Menschen zu verwechseln. In Wahrheit ist zumindest eine Wurzel der Bibelarchäologie in der Aufklärung und den von ihr genährten Zweifeln zu suchen, die selbst unter prinzipiell Bibelgläubigen die Tendenz förderten, das Buch der Bücher zu »hinterfra-

bezüglichen Bibelstellen an wissenschaftlichen Befunden zu messen. Tatsächlich arbeitet die Bibelarchäologie heute weithin der philologisch-historischen Bibelkritik zu. Sie erbringt einerseits Bestätigungen biblischer Angaben, andererseits widerlegt sie diese auch oft und führt so zu einer zunehmend kritischen Betrachtungsweise. Wie sich die von Schliemann begründete »Homer-Archäologie« von ihrem Ursprung, dem blinden Glauben an Homer, gelöst hat, so hat sich die Bibelarchäologie immer weiter von buchstabengläubiger, fundamentalistischer Bibelauslegung entfernt. Denn wer nur die Bibel kennt, wie Schliemann die *Ilias* kannte, nicht aber die im einen wie im anderen Fall bis auf die Antike zurückgehende Tradition formaler und inhaltlicher Kritik an den Aussagen der Originaltexte, wird immer nur »Erzväter« und »Sintfluten« finden.

Dies gilt auch für den im übrigen hochverdienten Archäologen Woolley. Seine Ausgrabung von Ur war eine archäologische Großtat. Seine Funde in den »Königsgräbern« machten ihn berühmt. Aber er legte doch nur eine alte Stadt frei, von der die Bibel *behauptet*, sie sei Abrahams Stadt gewesen; den eindeutigen, archäologischen Beweis dafür, daß es tatsächlich so war, konnte er nicht erbringen. Und er stieß auf die Spuren einer Flut, von der *er* behauptete, es handle sich um die biblische Sintflut. Doch die mächtige, weltweite Sintflut der Bibel bleibt Legende, Sage, Mythos. Die Flut, in der die gesamte Menschheit ertrank, weil es Gott »reute, daß er die Menschen gemacht hatte auf Erden« (1. Mos. 6,6) – sie bleibt die Ausgeburt einer allem Anschein nach nur um Rache, Vergeltung, Drohung und Einschüchterung kreisenden Phantasie.

Die Bibelarchäologie ist aber nicht nur ein Stück intellektueller Auseinandersetzung mit der Schriftensammlung, die wir als Bibel, als Heilige Schrift oder als Buch der Bücher zu bezeichnen pflegen. Nicht zuletzt hat sie auch mit dem imperialen Auf und Ab der Geschichte zu tun. Anders als beispielsweise im 19. Jahrhundert, da die europäischen Mächte im kolonialistischen Wettlauf einander die Kontinente streitig machten, war einst der Alte Orient in der Offensive. Unter Dareios (Darajavauš) I. (521-488 v. Chr.) erstreckte sich das Perserreich, die letzte Großmacht des Alten Orients, etwa vom Ohridsee auf der Balkanhalbinsel bis zum indischen »Fünfstromland«, dem Pandschab; im Süden reichte es bis nach Nubien. Doch schon unter Dareios' Nachfolger Xerxes (Xšajarša) I. (485-465 v. Chr.) schlugen die vereinigten Streitkräfte der griechischen Stadtstaaten die Perser zurück. Der Makedone Alexander der Große (König 336-323 v. Chr.) verleibte den gesamten Nahen und Mittleren Osten sowie große Teile Nordafrikas seinem Reich ein, das in seiner Ausdehnung etwa dem Reich Dareios' I. entsprach, und nach seinem frühen Tod, am 13. Juni 323 v. Chr. in Babylon, herrschten abwechselnd makedonische Seleukiden (»Syrer«) und ebenfalls makedonische Ptolemäer (»Ägypter«) über die Länder der Bibel. Die Bewohner des biblischen Kernlandes allerdings erhoben sich gegen die makedonisch-griechische Fremdherrschaft 167/166 v. Chr. im Makkabäeraufstand, aus dem das Hasmonäerreich hervorging. 63 v. Chr. griff dann der römische

Staatsmann und Feldherr Gnaeus Pompeius Magnus (106-48 v. Chr.) in die inneren Angelegenheiten Judäas ein. Im Judenland begann damit die Römerzeit. Unter Kaiser Konstantin (312 bzw. 324-337) setzte sich im gesamten Römerreich das Christentum durch, Auftakt für eine besondere Art von »Bibelarchäologie«. Jerusalem wurde nun für die Christen, was es jahrhundertelang für die Juden gewesen war: der wichtigste Wallfahrtsort. Im Jahr 135, nach dem Zweiten Judenaufstand unter Bar Kochba, hatte Kaiser Hadrian (118-138) Jerusalem in Aelia Capitolina umbenannt. Einer der Delegierten auf dem Konzil von Nicaea (325) war Bischof Makarios von Aelia Capitolina. Er traf am Konzilsort Kaiser Konstantins Mutter, die Kaiserin Helena, eine eifrige Christin. Ergebnis dieser Begegnung war, daß Helena 326 nach Jerusalem reiste, wo sie zusammen mit Bischof Makarios die Stätten der Kreuzigung, der Grablegung und anderer Ereignisse aus den letzten Tagen Jesu »bestimmte«. Man »fand« auch Reliquien (wörtlich: »Überreste«), die man mit dem Kreuz Jesu in Verbindung brachte. Helena und Makarios fanden, was sie kannten beziehungsweise zu finden erwarteten. Mit ihren Ortsbestimmungen begründeten sie die christliche Tradition, der christliche Pilger in Jerusalem, das nun auch seinen alten Namen wieder erhielt, bis heute folgen. Aus den Entdeckungen dieser beiden ersten »Bibelarchäologen« ergab sich auch die Lagebestimmung für die alsbald geplante Grabeskirche zu Jerusalem. Kaiser Konstantin schrieb an Makarios: »Dein Scharfsinn muß für alles Vorsorge treffen, was nötig ist, damit nicht nur eine Basilika entstehe, die alle anderen, wo auch immer, an Herrlichkeit übertrifft, sondern damit auch alles andere so werde, daß dieser Bau die schönsten Bauwerke jeder anderen Stadt überstrahlt.« Die 335 eingeweihte Konstantinische Basilika wurde 614 zerstört. Die Stätte, wo die Kaiserin das Kreuz Jesu und die Kreuze der mit Jesus zusammen hingerichteten Schächer gefunden haben wollte, lag unter dem Bau. Heute erhebt sich über der »Kreuzauffindungsgrotte« die Sankt-Helena-Kapelle.

614 fielen abermals Perser über das Heilige Land her. Es waren die Truppen des Sassanidenherrschers Chosrau II. Aparwes (»der Siegreiche«, 590-628). Chosrau entführte die in der Konstantinischen Grabesbasilika aufbewahrte Kreuzreliquie, doch der byzantinische Kaiser Herakleios (610-641) jagte ihm die den Christen so teure Siegesbeute wieder ab und führte sie im Triumphzug nach Jerusalm zurück. 628 fügte er dem Perserkönig beim alten biblischen Ninive eine vernichtende Niederlage zu. Chosrau wurde gestürzt und getötet. Von diesem Schlag erholte sich das Perserreich der Sassaniden nie wieder. Aber auch die Tage der Christenherrschaft in Jerusalem waren gezählt. Schon zehn Jahre nach Herakleios' glanzvollem Sieg über die Perser fiel die Stadt in die Hände der Moslems und wurde nun zum Pilgerzentrum für die Anhänger des Islams. In den Jahren 687 bis 691 schufen byzantinische Architekten und Künstler unter dem Kalifen Abd el-Malik (685-705) den Felsendom (arabisch: Qubbet es-Sachra), errichtet über den Felsen, von dem aus nach der Überlieferung Mohammed gen Himmel geritten war. Bis heute ist die goldschimmernde Kuppel dieses Kleinods der islamischen Baukunst

das beherrschende Wahrzeichen der Jerusalemer Altstadt.

In frühislamischer Zeit blieben die heiligen Stätten der Juden und der Christen unangetastet. Da für die Moslems Pilgerfahrten eine willkommene Einnahmequelle waren, ermutigten sie die fromme Heiligtums-Touristik. Jerusalem wurde so zum Ziel zahlloser religiös motivierter Reisender. Harun al-Raschid (786-809), der bedeutende Abbasidenkalif, gestattete Karl dem Großen (768 bzw. 800-814) sogar, in Jerusalem Einrichtungen für die europäischen Pilger zu stiften und zu unterhalten. Unterdessen breitete sich der Islam in einem gewaltigen Siegeszug zunächst im Nahen und im Mittleren Osten aus, und um 900 reichte sein Verbreitungsgebiet von Indien bis zum Atlantik. Keines der antiken Großreiche, weder das Perserreich noch das Reich Alexanders, noch das Römerreich, hatte je eine solche Flächenausdehnung besessen. 846 und 849 standen islamische Heere sogar vor Rom, 887 plünderten sie die Campagna, und 884 brannten sie das berühmte Kloster Monte Cassino in Latium nieder, das als Keimzelle des Benediktinerordens ganz besonderen Symbolwert besaß. Im 11. Jahrhundert kam es dann unter den Seldschuken Togrylbek, Alp Arslan und Melikschah (1039-1092) zur Gründung des Großseldschukischen Reiches und zu Übergriffen gegen christliche Jerusalemfahrer.

Dies alles löste im Westen den Ruf nach »Befreiung« der heiligen Stätten aus. So kam es zu den Kreuzzügen (1095 bzw. 1099-1291), in denen religiöser Fanatismus, Antisemitismus, päpstliches Machtstreben und massive materielle Interessen der oberitalienischen Handelsstädte eine denkbar unheilige Allianz eingingen. Mordend und plündernd zogen die Banden der Kreuzfahrer durchs »Heilige Land«, und am 15. Juli 1099, einem Freitag, eroberte die Soldateska unter Gottfried von Bouillon, dem Herzog von Lothringen, Robert von Flandern und Raimund von Toulouse Jerusalem. Die jüdischen Bewohner der Stadt, die sich in ihre Hauptsynagoge geflüchtet hatten und dort ihre Sabbatfeier begannen, wurden in dem Gebäude eingeschlossen und verbrannt. Den prachtvollen Felsendom der »ungläubigen« Moslems wandelte man in eine christliche Kirche um. Am 11. November 1100 bestieg dann Gottfried von Bouillons Bruder Balduin den Thron des neugegründeten Kreuzritter-Königreichs Jerusalem. Dieses Reich hatte bis 1187 Bestand. In jenem Jahr gewann Sultan Saladin (1138-1193) Jerusalem für den Islam zurück. Nach einem kurzen Zwischenspiel unter dem Hohenstaufenkaiser Friedrich II. (1212-1250), der 1229 Jerusalem von dem ägyptischen Sultan el-Kamil zum Geschenk erhielt, fiel die heilige Stadt dreier Religionen 1244 an die Ajjubiden und blieb von da an bis ins 19. Jahrhundert unter islamischer Herrschaft.

Die nicht zuletzt durch Korruption herbeigeführte Schwäche des Osmanischen Reiches nutzend, traten damals europäische Mächte auf den Plan. Unter dem Vorwand, die im Orient lebenden Christen schützen zu müssen, erzwangen unter anderem Frankreich, Rußland und Großbritannien die Einrichtung von Konsulaten. 1840 schwang sich Frankreich im Libanon zur Schutzmacht der unierten Christen auf. Auch die konkurrierenden europäischen Staaten dehnten ihren Einfluß im »Heiligen Land« aus, in Palästina namentlich Großbritannien. Daß hinter dem nachhaltigen Interesse an den Ländern Vorderasiens nicht geringe macht- und wirtschaftspolitische Absichten stecken, liegt auf der Hand

Da auf diese Weise die Schauplätze der in der Bibel geschilderten Ereignisse ins Blickfeld des Westens rückten, erwachte dort der Wunsch nach wissenschaftlicher, mithin auch archäologischer Erforschung der »biblischen Welt«. Es entbehrt nicht einer gewissen Pikanterie, daß Paul-Émile Botta (1802-1870), Sir Austen Henry Layard (1817-1894) und Henry Creswicke Rawlinson (1810-1895), die Pioniere der Bibelarchäologie, im diplomatischen Dienst standen. Diese Bibelarchäologen mit Diplomatenkarriere kannten ihre Bibel, ohne indes mit den Auseinandersetzungen vertraut zu sein, die schon damals um die Bibel entbrannt waren. Bei der Benennung der biblischen Stätten, die sie fanden, erlagen sie daher mancherlei Irrtümern. Botta konzentrierte sich auf den Hügel von Chorsabad, im Altertum Dur Scharrukin genannt, wo er die biblische Stadt Ninive vermutete. Layard dagegen verwechselte das biblische Kalach (Nimrud) mit Ninive und schrieb ein Buch, das zum »archäologischen Bestseller« wurde: *Nineveh and its Remains;* fünf Jahre nach der Originalausgabe erschien 1854 die deutsche Übersetzung. Botta und Layard wußten beide, daß Ninive in der Bibel oft erwähnt wird, zum Beispiel in 1. Mos. 10,11-12; 2. Könige 19,36; Jesaja 37,37. Die Propheten Nahum (1,1;2,8;3,7) und Zephania (2,13-15) schildern mit unheilschwangeren Worten Ninives Untergang. Und aus 2. Könige

18,17-19,36 sowie Jesaja 36-37 wußte man auch, daß der Assyrerkönig Sanherib (705-681 v. Chr.) Jerusalem belagert und Judas König Hiskia (727-698 v. Chr.) in der Stadt eingeschlossen hatte. Jesaja 1,7-9 gibt einen Begriff von den Verwüstungen, die dieser Krieg hinterließ. Doch dann hatte sich Seltsames ereignet: »Der Engel des Herrn [. . .] schlug im Lager der Assyrer 185 000 Mann. [. . .] also brach Sanherib auf und kehrte um und blieb zu Ninive« (2. Könige 19,35-36; Jesaja 37,36-37). Nebenbei: Nach Herodot 2,141 waren für Sanheribs unerwartet raschen Rückzug Mäuse verantwortlich, die Köcher, Bogen und Schildgriffe der Assyrer zernagt hatten; man hat darin einen Hinweis auf eine Pestepidemie gesehen, die im Heer der Assyrer ausbrach, da die Maus im Alten Orient Pest symbolisierte. Hier allerdings geht es lediglich um die Stadt Ninive, in die Sanherib sich zurückzog. Bibelleser kannten sie, und daher mußte sie aus ihrer Sicht auch zu finden sein, ganz gleich, wo.

Was man dagegen noch *nicht* kannte, war die Keilschrift. Zwar hatte Georg Friedrich Grotefend schon 1802 die ersten in Keilschrift festgehaltenen Königsnamen sowie den altpersischen Königstitel entziffert; die endgültige Entschlüsselung der Keilschrift durch Rawlinson aber war erst 1847 abgeschlossen, während Botta 1842 und Layard 1845 zu graben anfingen. Erst nach Veröffentlichung von Rawlinsons Entzifferung konnte somit entschieden werden, welche archäologische Stätte tatsächlich Ninives Überreste barg. Dabei stellte sich heraus, daß sowohl Botta als auch Layard an einem weiteren Trümmerhügel, in Kujundschik, Grabungen durchgeführt hatten; in diesem Tell hatte jedoch keiner von beiden das wirkliche Ninive vermutet.

Der Zusammenhang von Politik und Bibelarchäologie wird besonders deutlich am Beispiel des im späten 19. Jahrhundert wiedererwachten jüdischen Nationalismus. Der österreichisch-jüdische Publizist Theodor Herzl, der in seinem 1896 erschienenen Buch *Der Judenstaat* den Zionismus begründet hatte, entwickelte ein Programm zur »Schaffung einer öffentlich-rechtlich gesicherten Heimstätte in Palästina«. Ab 1897 organisierte er Zionistenkongresse, die zusammen mit der von ihm geleiteten »Zionistischen Organisation« auf die Verwirklichung dieses Programms hinarbeiteten. Entgegen der Weigerung der damals noch für Palästina zuständigen türkischen Regierung, die Schaffung jüdischer Siedlungen im Heiligen Land zu garantieren, wurde 1908 in Jaffa ein »Palästinaamt« gegründet. Im selben Jahr rief man eine zionistische Siedlung am Jordan ins Leben und gründete die Stadt Tel Aviv. Am 2. November 1917 bekräftigte der britische Außenminister Balfour in einem Schreiben – der später sogenannten Balfour-Deklaration – an den Baron Rothschild den Beschluß seiner Regierung, in Palästina für das jüdische Volk eine Heimstatt zu errichten, ohne die Rechte anderer Gemeinschaften zu beeinträchtigen, und im Frühjahr 1919 vereinbarte der Leiter der arabischen Delegation bei der Friedenskonferenz nach dem Ersten Weltkrieg, Emir Feisal, mit dem führenden Zionisten Chaim Weizmann, »das arabische und das hebräische Volk« sollten »bei der Entwicklung eines arabischen Staates in Palästina« möglichst eng zusammenarbeiten. »Die Araber, besonders die Gebildeten unter uns«, so Emir Feisal damals, »betrachten die Zionistenbewegung mit tiefer Sympathie.« Bezeichnenderweise war einer der ersten Schritte, die Chaim Weizmann unternahm, die Gründung der Hebräischen Universität in Jerusalem. Sie sollte eine der aktivsten Pflanz- und Pflegestätten der modernen Archäologie in Palästina werden.

Im selben Jahr nämlich, 1929, als die Sensationsmeldung um die Welt ging, Leonard Woolley habe in Ur »die Sintflut gefunden«, grub der Archäologe Eleazar Sukenik von der Hebräischen Universität in der Ebene Jesreel, nordwestlich von Bet Shean am Fuß der Gilboaberge, eine Synagoge aus, deren Reste Kibbuzbauern ein Jahr zuvor entdeckt hatten. Dieses später als Synagoge von Bet Alfa berühmt gewordene Bauwerk stammte zwar nicht aus biblischer, sondern aus nachbiblischer, byzantinischer Zeit, denn eine Inschrift in Aramäisch und Griechisch wies es in die Regierungsjahre des oströmischen Kaisers Justin I. (518-527). Es war indes das erste Bethaus seines Typs, das in Palästina zum Vorschein kam. Der Fund beflügelte die nationalistischen Gefühle der jüdischen Gemeinde. Wohl widersprach das bis dahin freigelegte mehrfarbige Fußbodenmosaik dem biblischen Bilderverbot, wie es etwa im Buch Exodus (2. Mos. 20,4) niedergelegt ist; im Mittelfeld enthielt es sogar eine fraglos »heidnische« Darstellung, nämlich ein Bild des antiken Sonnengottes, den die Griechen Helios, die Römer Sol nannten. Man erblickte jedoch auch biblische Szenen, so die Opferung Isaaks durch seinen Vater Abraham (1. Mos. 22,1-19). Außerdem waren die allen Juden bekannten Gegenstände des synagogalen Kultes abgebildet: der siebenarmige Leuchter (Menora), der Thoraschrein (der Schrein für die Schriftrollen mit dem mosaischen Gesetz, der Thora), das Widderhorn (Schofar), der Feststrauß (Lulab) sowie eine Zitrusfrucht (Etrog). Die sofort entbrannte heftige Diskussion, wie diese Darstellungen mit dem Bilderverbot vereinbar seien, kam erst zur Ruhe, nachdem 1931 ein gelehrter Judaist namens Epstein auf eine in Leningrad gefundene Kopie des Jerusalemer Talmuds hingewiesen hat. Sie enthielt den Satz: »In den Tagen des Rabbi Abun [4. Jahrhundert n. Chr.] führte man Mosaiken mit biblischen Darstellungen ein.« Offensichtlich war man damals in der Auslegung des biblischen Verbots großzügiger gewesen als früher.

Bei der jüdischen Bevölkerung Palästinas löste der Fund von Bet Alfa wahre Begeisterungsstürme aus. Noch nie hatten die jüdischen Siedler ihren Anspruch so handgreiflich bestätigt gefunden, in ein Land zurückgekehrt zu sein, das schon ihren Vorfahren gehört hatte und infolge dessen ihnen gehöre. In Scharen pilgerte man zu Sukeniks Grabungsstätte, und die Presse schwärmte von einem »Händedruck mit der Vergangenheit«. Aus ebendiesem Grund machen bis heute archäologische – und meistens sind es bibelarchäologische – Entdeckungen in der israelischen Presse viel eher Schlagzeilen als archäologische Funde anderswo in der Welt. In Bet Alfa hatte man gefunden, was man kannte und was überdies das Identitätsgefühl stärkte.

Erst recht war dies einige Jahre später, nach Gründung des Staates Israel, bei den Ausgrabungen auf dem Plateau von Masada der Fall. Schon die Landschaft, ein ragender Felsstumpf am Westufer des Toten Meeres, ist geeignet, dem Besucher ein tragisches Lebensgefühl zu vermitteln. Der Geschichtsschreiber Flavius Josephus (35 – um 95 n. Chr.) berichtet von der entsetzlichen Tragödie, die sich dort zu seinen Lebzeiten abspielte: Im Jahr 73 begingen die auf dem Felsmassiv von den Römern eingeschlossenen letzten Widerstandskämpfer des Ersten Judenaufstandes, der sieben Jahre zuvor begonnen hatte, geschlossen Selbstmord. Im 19. Jahrhundert hatten US-amerikanische, britische, französische und deutsche Reisende den Ort besucht. Zu den Untersuchungen, die dann im 20. Jahrhundert durchgeführt wurden, zählte die Anfertigung von Luftaufnahmen durch Aufklärungsflugzeuge der Royal Air Force in den Jahren 1924 bis 1928; sie wurden 1929 veröffentlicht. In ebenjenem für die Bibelarchäologie so offensichtlich ergiebigen Jahr untersuchte der britische Gelehrte Christopher Hawkes die Lager der römischen Legionäre vor Masada.

Systematische Grabungen in Masada begannen allerdings erst 1955/1956. Israel war inzwischen, am 14. Mai 1948, zum unabhängigen Staat ausgerufen worden; einen Tag später hatte Großbritannien die Mandatsverwaltung für Palästina niedergelegt. Seit dem November 1947 schwelten Feindseligkeiten zwischen Arabern und Juden und gingen nun in offenen Krieg über. Vergessen waren die versöhnlichen Töne der Balfour-Deklaration und des Emirs Feisal. Zwar kam es 1949 zu einem Waffenstillstand zwischen Israel und seinen arabischen Nachbarstaaten Ägypten, Jordanien, Libanon und Syrien, doch

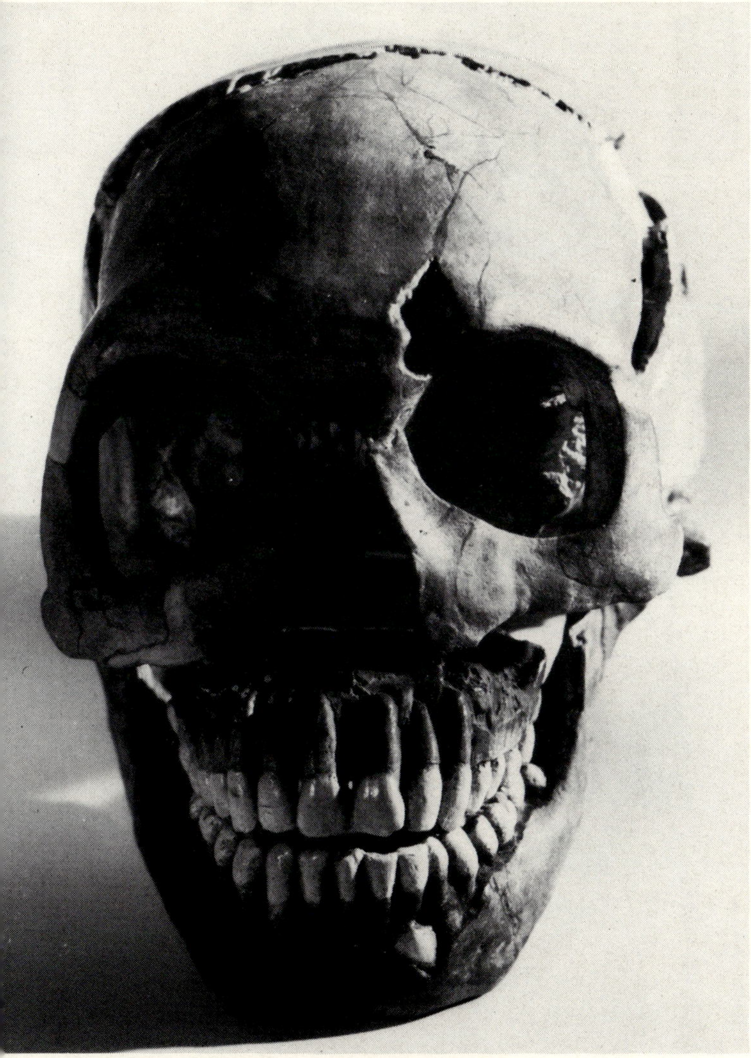

Nachbildung eines Neandertalerschädels. Der Fund der ersten Neandertalerknochen war Zufall; daß man sie einer bis dahin unbekannten „taxonomischen Rasse" zuordnete, konnte jedoch nur geschehen, weil man ohnehin im Begriff war, die Urgeschichte zu entdecken.

Die „Pariserin“ *(oben),* das Stuckrelief eines Stiers *(rechts oben)* und eine der von Athur Evans in Knossos geborgenen „Badewannen“ *(rechts unten)* zeigen alle drei auf jeweils andere Art, welche Rolle bei der Betrachtung archäologischer Funde die Projektion von Gegenwartserfahrungen auf die Vergangenheit spielt.

Säulen des minoischen Palastes von Knossos. Ursprünglich aus Holz, wurden sie von Evans aus Beton nachgegossen. Auch in der Anwendung neuartiger Technologie und, wie im vorliegenden Fall, neuartiger Werkstoffe wird die Archäologie zum Spiegel der Neuzeit. Der von Evans rekonstruierte Minospalast erwies sich als erdbebenfest; tatsächlich war er damals – von Evans' Expeditionshaus, der „Villa Ariadne", abgesehen – das in bautechnischer Hinsicht modernste Gebäude weit und breit.

Heinrich Schliemanns zweite Frau, die Griechin Sophia Engastromenos, mit Schmuck aus dem „Schatz des Priamos". Der unbeirrbare Wunsch, Troja auszugraben, hatte mit Schliemanns erster Jugendliebe zu tun, die der Pastorssohn sein Leben lang nicht vergaß; möglich, daß er etwas davon auf Sophia übertrug.

Oben: Nordseite des Hügels von Hissarlik nach den Ausgrabungen von 1871 bis 1873; Blick vom Ufer des alten Skamander aus. *Unten:* Der „Priamospalast“ nordwestlich des „Skäischen Tors“ in Hissarlik/Troja (1874).

Homerschwärmerei und Traditionsgläubigkeit machten diese mykenische Totenmaske zur „Goldmaske Agamemnons“.

Masada, die abgelegene Wüstenfestung des Königs Herodes auf einem Felsklotz hoch über dem Toten Meer, war die letzte Zuflucht jüdischer Widerstandskämpfer, die sich nach dem Fall Jerusalems im Jahr 70 n. Chr. noch bis zum Frühjahr 73 hier gegen die Römer behaupteten. Heute ist Masada Gedenkstätte, an der israelische Rekruten vereidigt werden. Gerade in der Archäologie des „Heiligen Landes“ zeichnet sich ein Zusammenhang mit der heutigen Politik ab, der auf seine Weise Archäologie zum Spiegel der Gegenwart macht.

Die Rekonstruktion des römischen Limeskastells Saalburg nahe Bad Homburg vor der Höhe, bei der man sich an den Bauten des römischen Stützpunktes Lambaesis in Numidien (heute Tazoult in Algerien) orientierte, ist Teil der Selbstdarstellung des letzten deutschen Kaiserhauses; durch die idealisierende Wiedererrichtung solcher Bauten erwiesen die Hohenzollernkaiser ihren römischen Vorgängern ihre Reverenz und bekräftigten zugleich den eigenen Machtanspruch.

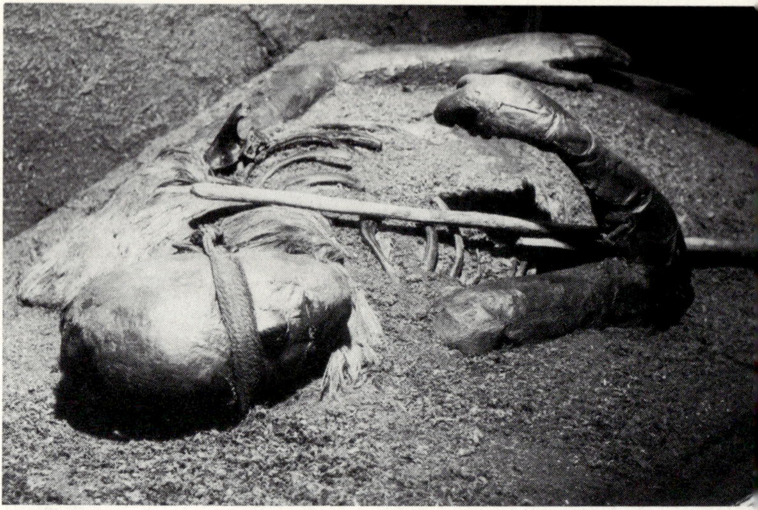

Oben: Die erst jüngst „rehabilitierte“ Moorleiche von Windeby.
Unten: Der Fund des Goldschatzes von Eberswalde führte zum Bruch zwischen Gustaf Kossinna und Carl Schuchhardt.

Die von Carl Schuchhardt entwickelte „Pfostenlochmethode“ gehört mittlerweile zur archäologischen Routine. Auf der Abbildung, die eine Grabungsfläche innerhalb der bandkeramischen Siedlung „Langweiler 8“ auf der „Aldenhovener Platte“ bei Jülich zeigt, sind im Vordergrund, als dunkle Bodenverfärbungen, deutlich die Spuren von Fundamentgräben und Pfostenlöchern eines Langhauses zu erkennen.

Oben: Çatal Hüyük, eine der ältesten Städte der Welt; noch älter müßte laut Platon Atlantis gewesen sein.

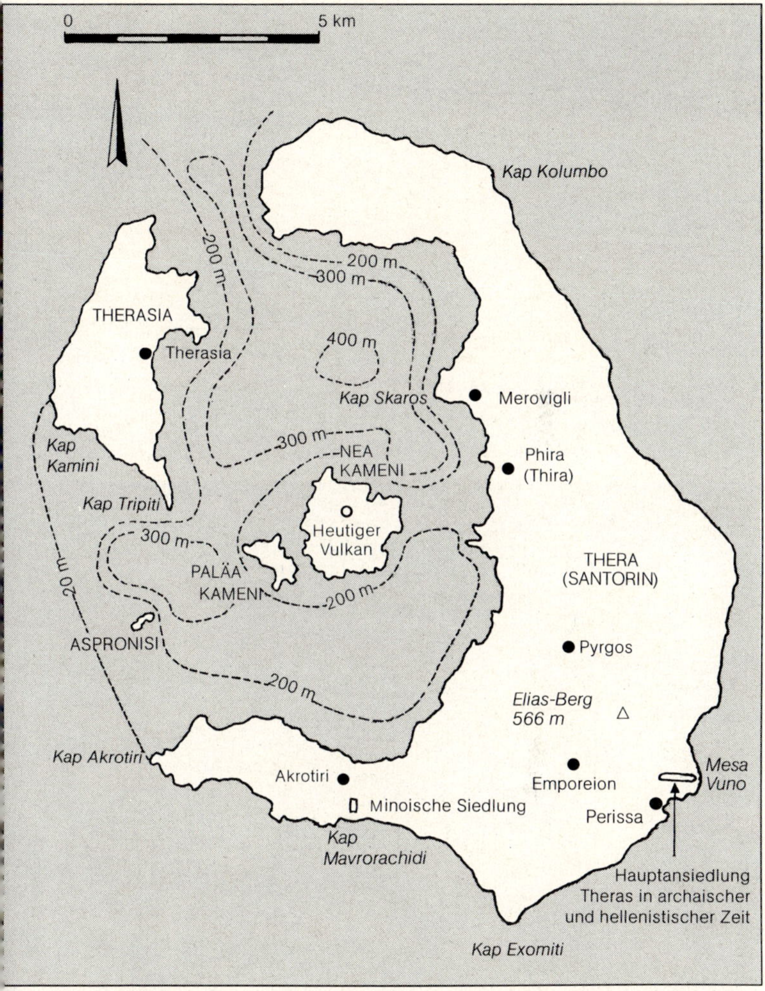

Links unten: Blick auf die „Caldera"-Steilwand der Kykladeninsel Thera (Santorin). *Oben:* Thera im Kartenbild. Lag Atlantis in der südlichen Ägäis? Die kleine Inselgruppe von Thera ist der Überrest eines einst riesigen Vulkans, der bei einer gewaltigen Explosion während der Bronzezeit zerbarst und so die minoische Kultur Altkretas jäh abbrechen ließ. Der historische Vulkanausbruch mag später in Platons Atlantis-Erzählung seinen Niederschlag gefunden haben.

Das rund dreitausend Jahre alte Seevölkerrelief in Medinet Habu *(oben)* und das mittelalterliche Kreuzabnahmerelief an den Externsteinen *(unten)* mußten dazu herhalten, Jürgen Spanuths Atlantis-Hypothese zu stützen.

In Deir el-Medine, der altägyptischen „Künstlerkolonie“ bei Theben, fand man Beweise für den ersten bekannten Streik in der Geschichte.

Altägyptische Grabmalereien verraten viel über den Alltag zur Zeit der Pharaonen; heute weiß man aufgrund der Funde in Deir el-Medine wesentlich mehr über das Leben damals. *Oben:* Gartenbewässerung mit einem Schöpfwerk (Grab des Ipui). *Unten:* Landarbeiter bei der Feldbestellung (Grab des Nacht).

waren 80 Prozent der vordem im Land ansässigen Araber geflüchtet oder vertrieben worden. Alle künftigen Konflikte waren damit vorgegeben. Die Fronten verhärteten sich immer mehr. Am Vorabend des Sueskrieges von 1956 lag sogar Israels Archäologie in den Händen von Militärs. Yigael Yadin, der Ausgräber von Masada, war israelischer General. Er legte nicht nur einen Palast des den Juden wegen seiner idumäischen Herkunft und seiner Willfährigkeit gegenüber den Römern verhaßten Königs Herodes des Großen (37-4 v. Chr.) frei, der als so grausam galt, daß ihm der Evangelist Matthäus den Bethlehemitischen Kindermord anlastete (Matth. 2,13-18), sondern stieß auch auf die Spuren jenes Massenselbstmordes, den Flavius Josephus im *Jüdischen Krieg* (7,394-401) schildert. Danach brachten sich die in schwindelnder Höhe zusammen mit ihren Familien Eingeschlossenen gegenseitig um, als sie keine Möglichkeit mehr sahen, sich erfolgreich gegen die Übermacht der römischen Belagerer zur Wehr zu setzen. Der letzte Überlebende gab sich selbst den Tod. In den Bauten von Masada hatte man vorher Feuer gelegt. Als die Römer schließlich die brennende Festung stürmten, fanden sie nur Trümmer und Leichen.

Tatsächlich entdeckte Yadin Unterkünfte, in denen noch die Überreste halbgarer Mahlzeiten in rauchgeschwärzten Öfen standen. Ferner fand er Skelette, darunter das eines ungeborenen Kindes und das einer Frau mit guterhaltenen, üppigen braunen Haarflechten; auch Blutflecke kamen zum Vorschein. Einige der Ostraka, der beschrifteten Tonscherben, die Yadin barg, trugen den Namen des

Anführers der Widerstandskämpfer: Eleazar Ben Ya'ir.

Nichts konnte geeigneter sein als diese grausigen, erschütternden Funde, um bei Yadins Landsleuten den Durchhaltewillen zu stärken. Die Überzeugung, von Feinden umgeben zu sein und in der restlichen Welt wenig Freunde zu haben, war unter den Israelis verständlicherweise weit verbreitet. Viele von ihnen mochten aufgrund des in Masada zutage geförderten »Anschauungsmaterials« fürchten, was dort geschehen war, könne sich jederzeit wiederholen. Unter diesem Blickwinkel sollte man Israels Entscheidung deuten, die einstige Bergfestung des Königs Herodes als Schauplatz für die Vereidigung von Rekruten zu wählen.

Noch ein Wort zu dem erwähnten Bethlehemitischen Kindermord, der angeblich geschah, weil Herodes der Große laut Matthäus dem Knaben Jesus nach dem Leben trachtete. Hier handelt es sich zweifellos um eines der vielen Motive, die Jesus, den Repräsentanten des »Neuen Bundes«, mit Moses als überragendem Vertreter des »Alten Bundes« verbinden sollten, war doch das Mosesknäblein gemäß dem Buch Exodus (2. Mos. 2,1-9) ähnlicher Lebensgefahr ausgeliefert gewesen. Mit der Kindermord-Erzählung sollte Jesu Bedeutung als »Gesalbter«, griechisch »Christós«, das heißt als Messiaskönig, unterstrichen werden. Jesus war ein Auserwählter – und Auserwählte leben gefährlich, wie auch aus zwei der griechischen Mythologie entstammenden Beispielen erhellt: Der Zeus-Sohn und nachmalige Held Perseus wurde zusammen mit seiner Mutter Danae in einen hölzernen Kasten eingeschlossen und auf dem Meer ausgesetzt; den durch Orakelspruch angekündigten idipus überließ man gleich nach der Geburt mit durchbohrten Füßen auf dem Kithairongebirge seinem Schicksal. Die sprichwörtliche Grausamkeit des Herodes eignete sich hervorragend, um der Angelegenheit einen historischen Anstrich zu geben. Tatsächlich wütete der König so gegen seine eigene Familie, daß damals in Rom Kaiser Augustus das griechische Wortspiel erfand, er möchte an Herodes' Hof lieber ein Schwein, griechisch »Hys«, als ein Sohn, griechisch »Hyiós«, sein. Denn als Anhänger des jüdischen Glaubens durfte Herodes selbstverständlich kein Schweinefleisch essen. Daher waren Schweine an seinem Hof ihres Lebens sicher, seine Söhne dagegen nicht – er ließ drei von ihnen umbringen. Eine solche Kinderschlächterei, wie der Evangelist Matthäus sie schildert, konnte sich nicht einmal Herodes erlauben, ohne daß dies auch von anderen Autoren mit Abscheu vermerkt worden wäre. Doch nichts dergleichen ist der Fall. Einzig und allein bei Matthäus finden wir diese schreckliche Geschichte – nicht einmal bei den anderen drei Evangelisten.

Die Bibelarchäologie, veranschaulicht am »Fund« der »Sintflut« in Ur sowie an den Grabungen in mehreren »Ninives«, bereichert unsere These »Sie fanden, was sie kannten«, um eine aufschlußreiche Variante. Es ginge zu weit, diese mit den Worten »Sie reimten sich zusammen, was sie nicht finden konnten« zu charakterisieren. Immerhin war man bemüht, aus den archäologischen Resultaten ein so enges Netz zu knüpfen, daß möglichst wenig Raum für fromme Spekulation verblieb. Aber das ist eben typisch für diese Art der Archäologie: Es bleibt stets ein Rest, der dem Glauben oder dem Nichtglauben überlassen ist. In vielen sensationell aufgemachten Berichten über biblische Archäologie geht es um diesen Rest. Die Archäologie gerät dabei ins Hintertreffen.

Doch gleich, was man findet, nicht findet oder sich zurechtlegt – die ersten bibelarchäologischen Schritte, die die Kaiserin Helena unternahm, als das Christentum gerade im Begriff war, sich als Staatsreligion des Römerreiches zu etablieren, das Erwachen des bibelarchäologischen Interesses in der Neuzeit Hand in Hand mit der Umorientierung der europäischen Großmächte in Richtung Vorderer Orient bis hin zur angeblichen Entdeckung von Spuren der Sintflut am Vorabend der Weltwirtschaftskrise des Jahres 1929 und zur Inanspruchnahme von Masada durch Politiker: Dies alles belegt, wie sehr gerade Bibelarchäologie jeweils mit der Zeit zu tun hat, in der sie stattfindet.

Euhemeros und Euhemeristen

Anfang der achtziger Jahre stieß ich bei der Übersetzung der *Geschichte der Archäologie* des britischen Autors Glyn Daniel unvermutet auf meinen eigenen Namen. Zehn Jahre zuvor hatte ich selber ein Archäologiesachbuch verfaßt und mich, weil damals die Däniken-Welle durch Europa rollte, kritisch mit den Thesen des schweizerischen Phantasten Erich von Däniken auseinandergesetzt. Nicht daß ich diese Thesen für diskussionswürdig hielt. Aber sie waren damals im Gespräch, und deshalb glaubte ich, weil mein Buch in erster Linie für Laien bestimmt war, relativ ausführlich auf sie eingehen zu müssen.

Dabei nannte ich Erich von Däniken einen »Erz-Euhemeristen«. Das muß Glyn Daniel wohl in die falsche Kehle gekommen sein, denn er zitiert diese Äußerung mit offenkundiger Verärgerung. Jedenfalls reißt er das Wort aus seinem Textzusammenhang und kann so zumindest bei Lesern, die nicht wissen, was ein »Euhemerist« ist, leicht den Eindruck erwecken, ich hätte über Däniken eine positive Aussage gemacht. Das war indes nicht der Fall. Meine Bezeichnung Dänikens als »Euhemerist« enthält Kritik. Weil sie aber offensichtlich zumindest von Glyn Daniel mißverstanden wurde, halte ich es für erforderlich, noch einmal zu erklären, was ich unter einem »Euhemeristen« verstehe. Doch zuvor noch einmal zu Erich von Däniken, dem »Schweizer Schelmen und Aufschneider«, wie der namhafte deutsche Archäologe Hans Georg Niemeyer ihn in der *Welt am Sonntag* vom 24. Dezember 1972 genannt hat. Zwar ist die Däniken-Welle längst abgeebbt, und so mancher wird meinen, man solle die Sache auf sich beruhen lassen und zur Tagesordnung übergehen. Ich bin nicht dieser Auffassung. Denn einerseits halte ich die »Dänikenitis«, die seinerzeit grassierte, für ein Symptom einer gesellschaftlichen Krise, die noch lange nicht überwunden ist. Andererseits aber äußerte ich schon 1972 die Auffassung, daß eine gewisse Portion Euhemerismus auch zur seriösen Archäologie gehört. Ich wies damals in einem Lexikonartikel auf Schliemann hin und fuhr fort: »Gewisse, freilich durch Kritik gefilterte Elemente gemäßigt ›euhemeristischer‹ Prägung gehören noch immer zu den Voraussetzungen archäologischer Forschung (so das Einordnen von Mythen in kulturmorphologische und damit auch archäologisch relevante Zusammenhänge, die Suche nach wenigstens einem historischen Wahrheitskern in ansonsten sagenhaft ausgeschmückten antiken Überlieferungen [vgl. z.B. Atlantis]; auch die Bibel-Archäologie ist von gewissen ›euhemeristischen‹ Zügen nicht ganz frei).«

Was Däniken angeht, so hatte ich 1971 Gelegenheit, ihn anläßlich eines Vortrags, den er in Pinneberg bei Hamburg hielt, persönlich kennenzulernen. Der Schweizer Journalist Roman Brodmann machte dort Aufnahmen für eine Fernsehserie unter dem Titel »Im Zeichen der Zeit«. Die Folge, um die es ging, hieß: »Erich von Däniken und seine Gemeinde«. Brodmann ließ den jungen »Antidänikenisten der ersten Stunde« Gerhard Gadow und mich, damals gleichfalls ein »aufstrebendes Talent«, aus West-Berlin nach Hamburg einfliegen, wo wir in einem knallrot tapezierten Zimmer des Hotels Pöseldorf vor Kameras und Mikrofonen unsere Anti-Däniken-Statements abzugeben hatten. Am Abend sprach Däniken dann in Pinneberg, und wir fuhren aus purer Neugier zusammen mit Brodmanns Team hin. Es interessierte uns einfach, den Mann zu erleben, vor dessen krausen Gedankengängen wir unsere Leser gewarnt hatten. Wir fanden einen recht provinziell wirkenden Redner vor, von dem keinerlei Ausstrahlung ausging. Mir wurde dabei klar, daß ein »Problem Däniken« gar nicht vorhanden war. Es mußte ein Problem seiner Anhänger sein, wie auch Brodmann später im Wortkommentar zu seiner Fernsehsendung bemerkte.

Däniken, so witzig er sich nach jenem Vortrag am Biertisch gab und so charmant er damals Gadow und mich durch das Angebot einer Südseereise auf seine Seite zu ziehen versuchte, war und ist kein »Schelm«, denn ein Schelm hat Distanz zu seinen Schelmereien. Däniken aber besitzt diese Distanz nicht – er glaubt, was er sagt und schreibt. Gadow beschuldigte ihn bei der Pinneberger Tischrunde der »bewußten Irreführung seiner Leser«. Das trifft sicher nicht zu. Däniken ist kein Betrüger, sondern allenfalls einer, der sich selbst etwas vormacht und auf den andere – sehr viele andere! – hereinfallen. Es gab und gibt jedoch einen anderen Gesichtspunkt: das Geschäft. Und mit Däniken ließen sich Riesengeschäfte machen. Einige Monate nach dem geschilderten Zusammentreffen hielt Däniken eine Lesung in West-Berlin. Aus diesem Anlaß war ein Schaufenster einer der führenden Westberliner Buchhandlungen ausschließlich mit Däniken-Büchern dekoriert. Ich bat den Inhaber der Buchhandlung, Gadows und meine Gegendarstellungen dazuzulegen. Seine Antwort lautete: »Im Prinzip gern, denn ein Gadow und ein Rehork sind mir lieb und wert. Aber ein Däniken, das müssen Sie verstehen, ist mir ein wenig lieber, ein wenig werter, denn von ihm verkaufe ich mehr!« Das wußte selbstverständlich auch Dänikens Verleger, der Däniken von Manuskript zu Manuskript, von Buch zu Buch hetzte. Doch daß die Rechnung aufging, lag daran, daß eine Nachfrage bestand. Däniken mußte irgendeinen »Nerv« getroffen haben.

Just hier liegt, so scheint mir, das eigentliche Problem. In einem weiteren Archäologiesachbuch, das 1972 erschien, versuchte ich, die Frage nach der Wirkung Erich von Dänikens auf den Punkt »Remythologisierung« zu bringen. Ich schrieb damals, was mich an Däniken störe, sei »nicht Dänikens Dilettantismus, nicht die Art, wie Däniken mit seinen Quellen umspringt, nicht Dänikens ungeheuer naive Vorstellung von wissenschaftlicher Arbeit, sondern die Tatsache, daß Däniken Gestalten aus der infantilen, prälogischen Vorstellungswelt der Kindheitsphase des Menschengeschlechtes, die – um [. . .] Friedrich Schiller zu zitieren – in der Tat nicht mehr sind als ›schöne Wesen aus dem Fabelland‹, in ein technisches Szenarium versetzt, das diesen Gestalten eine Überlebenschance gibt. Däniken arbeitete damit sogar der Problematisierung entgegen, die sich im religiösen Bereich mehr und mehr abzuzeichnen beginnt. Leichtgläubige können mit Hilfe Dänikens [...] zum Glauben ihrer Kindheit (einem Glauben an konkrete, real auf die Menschheitsgeschichte Einfluß nehmende, bei aller ›Übermenschlichkeit‹ doch irgendwie menschenähnliche Wesen aus einer ›anderen Welt‹) zurückkehren und sich dennoch ganz auf der Höhe der Zeit fühlen. Man bezeichnet gern die Kirchen als rückständig [...]. Wenn [aber] die offiziellen Kirchen, die es sich mit der Religion heute in der Regel gewiß nicht leichtmachen, rückständig sind, dann ist Däniken noch sehr viel rückständiger, obwohl er sich selbst als einen Avantgardisten versteht. Er ist rückständig, weil er Leichtgläubigen ›Glaubenshilfe‹ gibt – Leichtgläubigen, deren Vorstellungen weit hinter den Vorstellungen der offiziellen Kirchen zurückstehen. Sogar die von den Kirchen getragene offizielle Bibelwissenschaft hat heute Entmythologisierung auf ihre Fahnen geschrieben. Däniken dagegen betreibt – ohne sich freilich darüber klar zu sein – nichts anderes als Remythologisierung.« Mit anderen Worten: Däniken öffnet den Gestalten aus dem Fabelland der Mythologie durch die Hintertür seines futuristischen Szenariums wieder den Zugang zu jenen Bereichen, aus denen man sie längst vertrieben zu haben glaubte.

Wie aber steht es mit dem wissenschaftskritischen Aspekt? 1972 erklärte der Stuttgarter Geologe Hans Georg Wunderlich, selbst ein Wilderer im archäologischen Revier, in seinem umstrittenen Kreta-Buch *Wohin der Stier Europa trug*, Däniken sei »der bedeutendste und genialste Satiriker der deutschen Literatur seit mindestens hundert Jahren«. Und Wunderlich fährt fort: »In Wahrheit ist es völlig belanglos, was dieser subtile Geist über kosmische Besucher schreibt, die sich auf Erden zu ihrem Pläsier ein globales Terrarium mit versuchsweise ›angereicherten‹ Affen eingerichtet haben. Nicht in diesen eher zufällig ersonnenen Phantasmagorien liegt Dänikens Witz, sondern in der schneidend scharfen, erbarmungslosen Satire auf eine einflußreiche Schule wissenschaftlichen Denkens. Däniken, dieser Star unter den Sternen am Himmel der literarischen Spötter, geht in seinen kosmisch-komischen Büchern lediglich einen Weg bis ans äußerste Ende, der von namhaften Archäologen vorgezeichnet und betreten wurde und den auch Arthur Evans nicht immer gemieden hat. Zur Jahrhundertwende waren Badezimmer und Spülklosetts neuester zivilisatorischer Fortschritt. Noch im alten Berlin wurde einst eine Badewanne aus dem Hotel ›Adlon‹ über die Linden zum kaiserlichen Schloß getragen, wenn Seine Majestät den Wunsch nach einem Bade äußerten. Prompt fand Evans Badewannen und Spülklosetts bei seinen Ausgrabungen. Vor kurzem ging die Heimgrill-Welle durch die westdeutschen Haushalte, und schon fanden sich Grillroste in den Büdelsdorfer Ausgrabungen der Jungsteinzeit. Heute ist eben die Raumfahrt der letzte zivilisatorische Schrei, also wird sie von Däniken in den Ausgrabungsstätten der alten Kulturen schon für die Steinzeit nachgewiesen. Ein göttlicher Einfall von unwiderstehlicher Komik!«

Ich stehe Wunderlich sehr skeptisch gegenüber. Nicht nur, was seine Thesen über Kreta und die minoischen Paläste angeht. Ich nehme ihm auch nicht ab, daß Däniken ein Satiriker sei. Andererseits hat mich sein Hinweis fasziniert, Däniken projiziere Gegenwartserfahrungen auf die Vergangenheit und unterscheide sich insofern gar nicht wesentlich von ernsthaften Archäologen. Hier fand ich bestätigt, was ich in jenem Lexikonartikel über den Anteil des Euhemerismus bei seriösen Altertumsforschern geäußert hatte. Denn Euhemerismus ist eine bestimmte Art der Mythendeutung, die Götter und Mythen gleichsam in den historischen Raum hereinholt, und bedeutet nicht zuletzt Rückprojektion von Zeiterfahrungen.

Über Euhemeros von Messene, der dem Euhemerismus seinen Namen lieh, ist eigentlich nur zu sagen, daß er um 300 v. Chr. in einem *Heilige Schrift* betitelten Reiseroman von einer Fahrt nach einer fernen Insel namens Panchaia berichtete. Dort will er auf einer Stele eine Inschrift gefunden haben, aus der hervorging, daß die Götter einst Menschen gewesen seien. Sie hätten auf Erden gelebt und sich entweder selbst zu Göttern erklärt, oder sie seien wegen ihrer Verdienste um die menschliche Kultur zu Göttern ernannt worden. Soweit Euhemeros' Mythendeutung. Zeiterfahrung ist daran, daß sich ebendamals der Brauch durchsetzte, historische Persönlichkeiten, etwa Herrscher, aber auch Weise, unter die Götter zu erheben, sei es zu Lebzeiten, sei es nach dem Tod.

Die Parallele zu Erich von Däniken liegt auf der Hand. Die Götter als Kulturbringer der Vorzeit bei gleichzeitiger Projektion von Gegenwartserfahrungen auf die Vergangenheit – das ist Dänikens Strickmuster, und genau dies ist auch der Grund, weshalb ich Däniken seinerzeit als »Erz-Euhemeristen« bezeichnete. AllerdingZbesteht zwischen Däniken und Euhemeros ein grundsätzlicher Unterschied: Euhemeros bringt im Grunde die Götter auf die Erde; Däniken hingegen befördert sie, indem er sie zu Urzeitastronauten erklärt, wieder in den Himmel hinauf.

Euhemeros schaffte die Götter jedoch nicht ab, sondern entkleidete sie nur ihrer Göttlichkeit. Indem er sie vom Olymp auf die Erde herabsteigen ließ, holte er sie aus ihrem mythischen Wolkenkuckucksheim und vereinnahmte sie für den historischen Raum. Er leugnete den Mythos nicht, sondern »unterwanderte« ihn nur und bezog ihn in die Historie ein. Nichts anderes tat Schliemann, als er, seine Schritte zählend, den Hügel von Hissarlik umrundete und sich ausrechnete, welche Strecke Hektor und Achill bei ihrer Verfolgungsjagd zurückgelegt haben mußten. Und nichts anderes tat Woolley, als er der aufhorchenden Welt verkündete, er sei im biblischen Ur mit dem Spaten auf die Spuren der Sintflut gestoßen. Für Schliemann wie für Woolley *war* die Überlieferung, da die Homerischen Epen, dort die Bibel, *Historie*, an der sie nicht zweifelten und der sie mit dem Instrumentarium ihrer Wissenschaft beizukommen suchten. Beide projizierten in der Tat etwas in die Vergangenheit, nämlich die Prägung, die sie erfahren hatten. Nur drängt sich dies bei ihnen weniger auf als bei Erich von Däniken, weil ihre Prägung durch vergangenheitsbezogene Schriften nicht jenen abenteuerlich-futuristischen Einschlag hatte wie die Raumhüpfer-Zeiterfahrung Dänikens.

Es liegt auf der Hand: Nicht nur Außenseiter,

nicht nur Vertreter der »verrückten Randzone«, der »lunatic fringe«, wie die Engländer sagen, sondern auch ernstzunehmende Archäologen wären keine Menschen, wenn sie nicht ihre Prägung in ihre Arbeit einbrächten. Ihre Prägung aber hängt von ihrer sozialen Stellung, ihren Lebensumständen, von ihrer Allgemeinbildung, ihrer fachlichen Ausbildung sowie von einer ganzen Reihe weiterer Faktoren ab, etwa persönlichen Neigungen, politischen Überzeugungen, religiösen Einstellungen und dergleichen mehr. All dies ist dem Forscher während seiner Lebenszeit vermittelt worden. Es sind also Zeiterfahrungen, Gegenwartserfahrungen, auch wenn seine Ausbildung sich auf den Umgang mit der Vergangenheit bezieht.

Es leuchtet von vornherein ein, daß man nur finden kann, was man kennt, wofür einem der Blick geschärft ist. Was man nicht kennt, wofür einem der Blick nicht geschärft ist, mißdeutet man in aller Regel, übersieht es einfach oder tut es als unwichtig beiseite. Man kann auch keine Fragen stellen, für die man nicht sensibilisiert ist. Ein retuschierter Stein ist allenfalls ein auffällig geformter Stein, solange man nicht weiß, daß es vor Jahrzehntausenden Menschen gab, die derartige Steine als Werkzeuge benutzten. Tatsächlich war es eine Gegenwartserfahrung, die den Altertumskundigen dieses Wissen vermittelte: Erst als man aus Amerika hörte, daß dort Menschen mit Steingeräten hantierten, schloß man, daß es sich bei ähnlich geformten Steingebilden mit offensichtlichen Bearbeitungsspuren in Europa gleichfalls um Steinwerkzeuge handeln müsse, die vor langer, langer Zeit von Menschen verwendet worden waren.

Vorher war man außerstande gewesen, sich in die Urzeit zurückzuversetzen – ganz abgesehen davon, daß der auf der Bibel beruhende Glaube die Annahme einer Urzeit gar nicht gestattete. Vieles archäologische Material ist verlorengegangen, weil man nur »fand, was man kannte«, und alles andere entweder überhaupt nicht wahrnahm oder als wertlos verwarf.

Hier ist der Punkt, auf eine andere Art von Zeitverhaftung hinzuweisen, durch welche Archäologie zum Spiegel der Zeit wird, in der man sie betreibt. Gemeint sind die Möglichkeiten des technischen Rüstzeugs. Solange das Repertoire der Hilfsmittel und Methoden beschränkt war, vermochte man nur Bau- und Kunstwerke aus haltbarem Material auszugraben. Heute indessen weist man nicht nur anhand der Bodenverfärbungen, die von den Einsatzlöchern alter Holzpfosten zurückblieben, die Grundrisse vorgeschichtlicher Holzbauten nach, sondern kann anhand von Bodenverfärbungen sogar die Lage von Skeletten und anderen Objekten bestimmen, deren eigentliche Substanz sich im Boden aufgelöst oder umgesetzt hat und daher nicht mehr vorhanden ist. Und bei Holzbauten ist es nicht geblieben. Längst gehört die Ausgrabung von Zeltgrundrissen, ja der Nachweis prähistorischer Pflugspuren zum Alltag des Vorgeschichtsarchäologen. Doch schon lange bevor man überhaupt den Spaten ansetzt, werden heute modernste technische Hilfsmittel angewandt, um die zu erwartenden archäologischen Strukturen zu orten. Das Spektrum der Methoden reicht von der Bodenerkundung aus der Luft über Untersuchungen des elektrischen Bodenwiderstands und dergleichen bis hin zur Bestimmung des Säure- und Phosphatgehalts des Bodens. Dies alles gibt oft so detaillierte Aufschlüsse, ehe ein einziger Spatenstich getan worden ist, daß die Aussage »Sie fanden, was sie kannten« eine völlig neue Bedeutung erhält. Inzwischen verlegt man sich bereits regelrecht aufs »Prophezeien«, indem man Computer simulieren läßt, wie sich bestimmte Kultursysteme unter bestimmten Bedingungen verhalten. Mit Computern läßt sich auch hochrechnen, wo Siedlungsplätze dieser oder jener Kultur, von der bestimmte Grunddaten bekannt sind, erwartet werden dürfen.

Nach der Ausgrabung setzt man erst recht ein ganzes Arsenal von Instrumenten und Verfahren zum Zweck der Fundanalyse ein. Methoden der Nukleartechnologie dienen der Zeitbestimmung, aber auch der Werkstoffanalyse. Diese ist von besonderer Wichtigkeit für die Ursprungsbestimmung archäologischen Materials und damit für den Nachweis einstiger Handelsbeziehungen und Handelswege. Röntgenaufnahmen mumifizierter Leichname und Tierkadaver beantworten die Frage nach dem Gesundheitszustand und der einstigen Lebenserwartung von Mensch und Tier. Andere Untersuchungen beantworten Fragen nach dem Stand der Fertigungstechniken und damit nach dem Stand technischen Wissens überhaupt. Weitere Analysen organischen Materials geben Aufschluß über Ernährungsweise, Hygiene, Kleidung und vieles andere mehr. Archäologie findet oftmals gar nicht am Grabungsplatz, sondern in Instituten und Forschungslaboratorien statt.

Doch zurück ins 19. Jahrhundert. Archäologie begann im großen und ganzen als Schatzgräberei und entwickelte sich allmählich zur Forschung, zur Suche nach Informationen über vergangene Kulturen, über Menschen vergangener Zeiten. Anfangs war sie noch keine akademische Disziplin. Die Gelder, die man zur Durchführung archäologischer Projekte benötigte, flossen noch nicht aus öffentlichen Mitteln oder aus Stiftungen großer Industriekonzerne. Vielmehr hatte, wer ausgraben wollte, in aller Regel die Kosten selber zu tragen. Archäologie war daher das teure Steckenpferd einiger Wohlbetuchter, die eine ihnen mehr oder weniger vertraute Oberschichtwelt ausgruben und Kostbarkeiten freilegten, die einst für ihre Besitzer einen ebenso hohen Statuswert besessen hatten, wie sie ihn nun für ihre Entdecker besaßen. Auch diese »fanden, was sie kannten«: ein an Zeugnissen elitärer Kultur reiches Ambiente, das sich mit ihren eigenen Vorstellungen von Kultur deckte. Doch weil dem so war, ließ man bei den Ausgrabungen vieles außer acht, das man für »unwesentlich« hielt. Infolgedessen wurde zahlreiches archäologisches Material von unschätzbarem Informationswert zerstört.

Auch die bisweilen aus privaten Raritätenkabinetten und Kuriositätensammlungen hervorgegangenen Museen der Universitäten, Kommunen und Staaten waren nicht zuletzt Prestigeobjekte. Gewiß, sie wurden bald zu Pflegestätten archäologischer Forschung. Die großen Nationalmuseen dienten jedoch auch der Selbstdarstellung der jeweiligen Staaten. Man stellte in ihnen Exotisches und Antikes zur Schau, wie man im Altertum Beute aus Raubzügen in fremde Länder in den Tempeln der Staatsreligion dargeboten hatte. Katamarane aus der Südsee, Schrumpfköpfe aus Südamerika, Reliefs aus Altägypten, Keramik aus Kreta, Statuen aus Griechenland und Rom, Fibeln aus Etrurien und Gürtelschnallen der alten Germanen – je größer die Anzahl und je kostbarer die Trophäen, desto höher war das Ansehen der Gründer und Träger dieser Institutionen. Auch die Museumsarchäologie war mithin in hohem Maße Spiegel damaliger Gegenwart, wobei überdies eine Projektion von Zeiterfahrungen auf die Vergangenheit insofern stattfand, als man Zeugnisse untergegangener Kulturen schlicht vereinnahmte, um zu dokumentieren, was man selbst unter »Kulturpflege« verstand.

Heute haben sich die Dinge im Museumsbereich weitgehend geändert. Die Museumsleute unter den Archäologen bemühen sich mit Erfolg – meßbar am steigenden Andrang des Publikums –, das Fundmaterial wirkungsvoll zu »inszenieren«. »Archäologische Parks« wie der in Xanten tragen dem Freizeitbedürfnis unserer Massengesellschaft Rechnung, und in Museumsdörfern können sich Zeitgenossen töpfernd, bastelnd, webend und grillend in vergangene Zeiten zurückversetzen, dürfen sie als Laien »experimentelle Archäologie« betreiben. Auch da wird Archäologie zum Spiegel der Gegenwart, insofern nämlich, als sie die Flucht aus den Härten des »Hier und Heute« fördert.

Damit kommen wir zu einem weiteren Aspekt: Archäologie als Spiegel neuzeitlicher Politik. Tatsächlich lassen sich manche archäologische Projekte eindeutig mit gewissen politisch-historischen Entwicklungen der Moderne verknüpfen. Dazu gehören beispielsweise die Impulse, die die Limesforschung um die Zeit der Gründung des neuen deutschen Kaiserreichs, 1871, und kurz danach empfing; man denke etwa an die Ausgrabung, ab 1870, und den Wiederaufbau, 1888 bis 1918, des römischen Limeskastells Saalburg bei Bad Homburg vor der Höhe, wobei man gar auf geographisch weitab gelegene Vorbilder, die Römerbauten im numidischen Lambaesis (Algerien), zurückgriff. Ähnlich wie die Instandsetzung der salisch-staufischen Kaiserpfalz in Goslar, die man in den Jahren 1879 bis 1897 mit Monumentalgemälden zur deutschen Kaisergeschichte verschandeln ließ, diente auch die intensivierte Limesforschung der Selbstdarstellung des Hohenzollern-Kaiserreichs und seiner Herrscher, die in Goslar ihren mittelalterlichen, am Limes ihren antiken »Kollegen« ihre Reverenz erwiesen: den Kaisern Roms und jenen des Heiligen Römischen Reiches Deutscher Nation.

Charakteristische Zeitbezüge weist dann die Archäologie der Zeit nach dem Zweiten Weltkrieg auf. Der Bombenkrieg hatte vielen Städten schwerste Schäden zugefügt. Ganze Stadtkerne waren regelrecht aufgebrochen worden. Makabrerweise ermöglichte dieser Umstand vielerorts umfangreiche Stadtkerngrabungen, die sich sonst nie hätten durchführen lassen. Auf reiches archäologisches Material stieß man auch, als sich die Verhältnisse wieder zu stabilisieren begannen, als man überall Baugruben für Hochhäuser, Tiefgaragen und U-Bahn-Schächte aushob und im Zuge des allgemeinen Baubooms auch Geländepartien außerhalb der Ballungszentren zersiedelte. Dieser Bauhochkonjunktur verdanken wir sowohl den Fund des stattlichen Elches vom Westberliner Hansaplatz (um 8000 v. Chr.) als auch eine der sensationellsten archäologischen Entdekkungen, die je auf deutschem Boden glückten: das magdalénienzeitliche Jägerlager von Feldkirchen-Gönnersdorf bei Neuwied (um 10 400-10 000 v. Chr.), das man beim Ausschachten eines Weinkellers entdeckte. Aber auch die Notlage der Nachkriegszeit hatte ihre archäologischen Konsequenzen: Da Brennstoffmangel herrschte, stach man, wo es Moore gab, wieder in größerem Umfang Torf. Dies zeitigte eine Zunahme der Moorfunde.

So kam auch die berühmte Moorleiche aus dem Domlandmoor bei Windeby im Kreis Eckernförde zum Vorschein, die in ganz besonderer Weise zeigt, daß man fand, was man kannte: Die Ausgräber kannten ihren Tacitus, nicht aber germanische Bestattungsbräuche. Prompt erklärten sie die Leiche von Windeby unter Berufung auf Kapitel 19 von Tacitus' *Germania* für eine »jugendliche Ehebrecherin«. Es dauerte eine ganze Weile, bis der am Landesmuseum Schleswig tätige Prähistoriker Dr. Michael Gebühr davor warnte, sich im »Fall Windeby« allzusehr auf Tacitus zu versteifen, zumal nicht feststeht, ob es sich hier überhaupt um eine weibliche Leiche handelt. Ausgerechnet Brust und Unterleib, die eine eindeutige Geschlechtsbestimmung ermöglicht hätten, sind zerstört, und die Annahme, daß man es mit einer sehr jungen Frau zu tun habe, geht von äußerst vagen Voraussetzungen aus. Die als »obszöne Geste« gedeutete Handhaltung der Toten kann, so Gebühr, einfach eine Folge der Totenstarre sein. Daß das

Haar der Toten geschoren ist, noch dazu in einer von Tacitus n6beschriebenen Weise, kann die verschiedensten Gründe haben. Auch alle anderen »Beweise« für eine Hinrichtung der oder des Toten durch Versenken im Moor erweisen sich laut Gebühr als fadenscheinig, sobald man sie genauer unter die Lupe nimmt. Beispielsweise hatte man der beziehungsweise dem Toten die Augen verbunden. Dabei war man, wie manche meinen, ziemlich gewaltsam vorgegangen, denn das Gesicht des Leichnams weist Verletzungen auf, die auf das brutale Zusammenziehen der Augenbinde zurückgeführt wurden. Gebühr mißt auch diesem Indiz für angebliche Gewaltanwendung vor dem Tod nicht allzuviel Gewicht bei. Die auf das Anlegen der Binde zurückgeführte Verletzung könne, so weist er nach, auch auf andere Ursachen zurückgehen und noch nach Eintritt des Todes entstanden sein; einwandfrei lasse sich dies bei einem so alten Leichnam nicht mehr beweisen, selbst wenn er jahrtausendelang im konservierenden Milieu eines Moors gelegen habe. Gebühr hält es sogar für möglich, daß es sich gar nicht um eine »echte Moorleiche« handelt. Vielleicht, so gibt er zu bedenken, habe man es mit einem Leichnam zu tun, der nach herkömmlicher Germanensitte am Rand des Domlandmoors bestattet wurde, das dann auf das Grab übergriff und den Leichnam, sozusagen postum, zur »Moorleiche« werden ließ. Da aber die Begräbnissitten der Germanen zur Zeit Christi unbekannt seien, sei davon abzuraten, sich im »Fall Windeby« auf Tacitus festzulegen.

Kennzeichnende Spuren hinterließ die politische Restauration, die nach dem Zweiten Weltkrieg in der

Bundesrepublik Deutschland und in West-Berlin um sich griff, in der Welle scheinbar apolitischer, populärer Archäologiesachbücher, die seinerzeit aufbrandete. Diese Welle, die uns in allerletzter Konsequenz die bizarren Thesen des auflagenstarken Außenseiters Erich von Däniken bescherte, begann mit Büchern wie *Götter, Gräber und Gelehrte* von C.W. Ceram sowie *Und die Bibel hat doch recht* von Werner Keller. In einem Referat, das ich am 28. Februar 1975 auf der 5. Ordentlichen Mitgliederversammlung des Deutschen Archäologenverbandes im Römisch-Germanischen Museum zu Köln hielt, bin ich mit beiden Büchern hart ins Gericht gegangen und erntete dafür durchaus nicht nur Zustimmung. Beide Bücher, so hielt man mir damals vor, seien doch recht verdienstvoll, und so mancher der anwesenden Zuhörer sei durch ihre Lektüre überhaupt erst für Archäologie begeistert und hinsichtlich seines Berufswunsches geprägt worden. Dennoch bleibe ich dabei: Sowohl *Götter, Gräber und Gelehrte* als auch *Und die Bibel hat doch recht* vermittelten schon damals ein völlig verzerrtes Bild des aktuellen Wissensstandes. Ihre traumhaften Erfolge verdanken sie der Anbiederung an das Verlangen eines denk- und lernunwilligen Leserpublikums nach Märchen.

Dies kommt in der Überschrift des Schliemann-Kapitels von *Götter, Gräber und Gelehrte* unverblümt zum Ausdruck. Sie lautet: »Das Märchen vom armen Jungen, der einen Schatz fand«. Märchenhafte Züge trägt in der Folge die Darstellung des Zustandekommens wissenschaftlicher Forschungsresultate, von der nachstehend eine Probe gegeben sei. Statt eingehendere Aufschlüsse über das Wirken Jean-François

Champollions zu erhalten, der die altägyptischen Hieroglyphen entzifferte, erfahren wir von Ceram nicht mehr als aus einem fünfzehnzeiligen Lexikonartikel. Da dies aber nicht ausreicht, um ein ganzes Kapitel zu füllen, muß Ceram Zeilen schinden. Er tut es, indem er uns auftischt, Champollion sei bereits unter Mitwirkung eines Zauberers zur Welt gekommen, habe eine gelbliche Augenhornhaut gehabt, wie sie »sonst nur Orientalen eigen« sei, und man habe ihn allenthalben als »Ägypter« bezeichnet. Daraus schließt Ceram nun nicht, Champollion sei möglicherweise leberkrank gewesen. Vielmehr wertet er solches als Zeichen einer schicksalhaften Berufung Champollions, die Hieroglyphen zu enträtseln. In den Augen Cerams fand Champollion nicht, was er kannte, sondern er fand, was er finden mußte, weil er dafür »von Natur« prädestiniert gewesen sei. Seine wissenschaftliche Tat wird somit nicht als Leistung eines rational vorgehenden Intellekts gewürdigt, sondern als Ergebnis eines Rufs »von oben« hingestellt.

Ähnlich verhält es sich mit Werner Kellers *Und die Bibel hat doch recht*. Beispielsweise wird darin der Name des Josephskanals, der das Faijûm mit Nilwasser versorgt, als einer der »Beweise« für die Richtigkeit der biblischen Josephserzählung (1. Mos. 37 ff.) genannt. Als ob dieser Name nicht erst nachträglich und in Anlehnung an die Bibel erfunden worden und in die Volksüberlieferung eingedrungen sein könnte! Immerhin war Ägypten vor dem Sieg des Islams jahrhundertelang ein christliches Land, dessen Bewohner an die Bibel glaubten. Bis heute gibt es in Ägypten zahlreiche einheimische Christen, die

Kopten, und nicht zuletzt enthalten auch die islamischen Traditionen eine Fülle biblischer Anklänge. Gerade um die biblische Josephslegende ranken sich unter Moslems verbreitete Überlieferungen, und durch den persischen Dichter Dschami (1414-1492) ging der Joseph des biblischen Buches Genesis sogar in die Literatur des islamischen Kulturkreises ein. Die unmittelbare Verknüpfung des ägyptischen Josephskanals mit irgendwelchen in der Bibel erwähnten Personen oder Ereignissen steht also auf schwankendem Boden; vom Methodischen her ist es absurd, den Namen dieses Wasserlaufs als »Beweis« für die sachliche Richtigkeit der betreffenden Bibelpassagen ins Feld zu führen. Auch Werner Keller war insofern Euhemerist, als für ihn die Erzählungen der Bibel durchweg historischen Charakter hatten. Doch gleich Erich von Däniken unterschied er sich von Euhemeros darin, daß er nicht der Skepsis das Wort redete, sondern dem Glauben. Nicht eine vorurteilsfreie Kritik an der Bibel war seine Triebfeder, sondern der Wunsch, die Bibel, koste es, was es wolle, als glaubwürdig hinzustellen. Selber gläubig, forderte er von seinen Lesern Glauben. In dieser Hinsicht ließ Ceram die Katze aus dem Sack, indem er im amerikanischen Teil von *Götter, Gräber und Gelehrte* Edward Herbert Thompson zum »Schliemann Yucatans« erklärte und wortwörtlich äußerte: »Statt gewagter Ansicht trug ihn ein Glaube nach Yucatan, so wie einst ein Glaube Schliemann nach Troja gezogen hatte. Es war der Glaube an das Wort des Diego de Landa.«

Es geht hier nicht um die Frage, ob Glaube und Wagnis einander ausschließen, ob es nicht auch ein

Wagnis sein kann, blindlings zu glauben. Worauf es ankommt, ist, was hier als Motivation wissenschaftlicher Leistung ausgegeben wird: der Glaube, die unbedingte Gefolgschaft, nicht die Skepsis, die dem Spießer verhaßt ist, weil sie zum Denken zwingt und ihn verunsichert, nicht die Bereitschaft, Etabliertes oder als etabliert Geltendes in Frage zu stellen. Kellers und Cerams Bücher weckten allenfalls Neugier. Anstöße zu kritischen Auseinandersetzungen mit der Geschichte aufgrund archäologischer Befunde gaben sie nicht. So bewirkten sie nicht nur in letzter Konsequenz, daß schließlich Dänikens »Astronautengötter« Landeerlaubnis erhielten, sondern sind auch als Klimazeugen einer Zeit zu bewerten, deren gesellschaftliche und politische Tendenz klare restaurative Züge trug.

»... EINE HERVORRAGEND NATIONALE WISSENSCHAFT«?

Man schreibt den 16. März 1913. In einem Messingwerk bei Eberswalde nördlich von Berlin heben Arbeiter die Baugrube für ein neues Arbeiterwohnhaus aus. Dabei stoßen sie auf ein Tongefäß. Wie sich herausstellt, birgt es einen der größten Goldfunde, die je auf deutschem Boden gemacht wurden. Ringe schimmern den Bauleuten entgegen, Kronen, Gußkuchen – insgesamt handelt es sich um nicht weniger als 81 Gegenstände. Der Eigentümer des Messingwerks, Aron Hirsch, gibt dem Entdecker der Kostbarkeiten einen Finderlohn und schenkt den Fund dem Kaiser. Dieser wiederum leitet das Gold an die Vorgeschichtsabteilung des Berliner Völkerkundemuseums weiter. Deren Direktor, der namhafte Prähistoriker Carl Schuchhardt (1859-1943), erhält den Auftrag, eine Prachtpublikation über den Schatz vorzubereiten. Eine derartige Veröffentlichung erfordert allerdings Zeit, und man kann sich Schuchhardts Enttäuschung vorstellen, als schon nach verhältnismäßig kurzer Zeit ein Büchlein auf dem Markt ist, das den Titel trägt: *Der Goldfund vom Messingwerk bei Eberswalde und die goldenen Kultgefäße der Germanen.*

Verfasser der Schrift ist Gustaf Kossinna (1858-

1931). Er bescheinigt Schuchhardt unter anderem, »ein Anfänger auf dem Gebiete der Vorgeschichte« zu sein und sich in der einschlägigen Fachsprache nicht auszukennen. Im Gegenzug nennt Schuchhardt Kossinnas Buch »ein flüchtiges und unsympathisches Machwerk«, dem jeder anmerke, »daß die Flüchtigkeit von der Eile stammt, mit der er [Kossinna] einem anderen, dem die offizielle Publikation bereits übertragen war, zuvorzukommen suchte«. Kossinna habe »nicht nach den lästigen Regeln der menschlichen Gesellschaft« entschieden, »sondern nach dem freien Gesetz seines germanischen Sonnengottes, der da scheint über Gerechte und Ungerechte«. (Vom germanischen Sonnengott sprach Schuchhardt deshalb, weil Kossinna die bronzezeitlichen Goldschalen aus Eberswalde als germanische Sonnengott-Kultgefäße bezeichnet hatte).

Streit unter Kollegen, die einander nicht grün waren? Gelehrtenfehde mit besonders schrillen Tönen? Tatsächlich verbarg sich hinter der Auseinandersetzung einiges mehr. Kossinna hatte kurz nach der Jahrhundertwende in der deutschen Vorgeschichtsforschung beträchtliche Unruhe gestiftet. Nach einer kometenhaften Karriere vom Bibliothekar zum anfangs stark beachteten Wortführer der deutschen Vorgeschichtswissenschaft war Kossinna immer mehr ins Abseits geraten. Die Ehrungen, die man ihm erwies, waren ihm zu wenig; andererseits löste er sein Versprechen nie ein, der Fachwelt eine umfassende Begründung seiner Thesen vorzulegen. Man hatte ihn reichlich mit Vorschußlorbeeren bedacht; doch als man von ihm verlangte, sich diese Lorbeeren nachträglich durch saubere wissenschaftliche Kärrnerarbeit zu verdienen, versagte er. Statt die Beweise zu liefern, die er zu besitzen vorgab, wiederholte er immer hartnäckiger bloße Behauptungen, die er im Brustton der Überzeugung vortrug, so als habe er unumstößliche Tatsachen zu verkünden, an denen nur Böswillige zweifeln könnten.

Und die »Lehre«, die er vertrat, war gefährlich. Sie trug erheblich dazu bei, den Boden für den menschenverachtenden, mörderischen Rassismus des NS-Staates zu bereiten. Dabei fing alles ganz harmlos an.

Im Deutschland des beginnenden 19. Jahrhunderts entdeckte man das Volk in jeder Bedeutung, die der Begriff »Volk« haben kann. Dies hatte einerseits mit dem Streben nach Loslösung von alten Machteliten zu tun, andererseits mit dem Wunsch, in einem geographischen Raum, der damals durch zahlreiche Grenzen zerrissen und in viele Kleinstaaten aufgeteilt war, etwas Gemeinsames zu finden, das Bayern und Preußen, Württemberger und Niedersachsen, Hessen und Nordfriesen, Franken und Westfalen, Rheinländer und Schlesier miteinander verband. Sogar daß man auf die eigene »völkische« Vergangenheit zurückgriff, so wie man sie sich vorstellte, hatte zunächst etwas Befreiendes, suchte man doch nach einer Art Gegengewicht zu der bislang recht einseitigen Ausrichtung der »Gebildeten« auf die antiken Kulturen Griechenlands und Roms. Damit waren aber auch für einen beträchtlichen Teil der kommenden Entwicklungen die Weichen gestellt. Wirklich gefährlich wurde die Hinwendung zur »völkischen« Vergangenheit jedoch erst, als man sie mit Wertungen zu verbinden begann und auf falsch verstandener Biologie beruhende Vorstellungen von »Rasse«, »Art« und »Vererbung« entwickelte, die man dann in einem dumpfen Mythos des »reinen Blutes« auf eine fast sakrale Ebene erhob. Nun bedurfte es nur noch eines ebenfalls mißverstandenen Darwinismus, um für sich ein angeblich von der Natur gesetztes »Recht des Stärkeren« in Anspruch zu nehmen, das rücksichtslose Anwendung gegenüber allen Menschen angeblich anderer »Art« und »Rasse« forderte, die man für »minderwertig« erklärte. Daß sich die Vorgeschichtler dazu hergaben, durch tendenziöse Verherrlichung der Germanen derart unmenschlichem Denken Vorschub zu leisten, ist der eigentliche »Sündenfall« der deutschen Altertumsforschung.

Dabei geben die Germanen, nüchtern betrachtet, gar nicht her, was man aus ihnen machte. Die Bezeichnung »Germanen« taucht erstmals bei Gaius Iulius Caesar (100-44 v. Chr.) auf, und mit Sicherheit wendet Caesar sie auch auf Stämme an, die keineswegs Germanen, sondern Kelten waren. Selbst die Teutonen, die wenige Jahre vor Caesars Geburt die Römer in Angst und Schrecken versetzten, waren nach heutiger Auffassung keine Germanen. Die zumeist polemisch gemeinte Gleichsetzung von »deutsch« und »teutonisch«, der man bisweilen begegnet, ist daher falsch. Aller Wahrscheinlichkeit nach waren die Teutonen ein keltischer Stamm. Immerhin läßt es sich nicht leugnen, daß sowohl Caesar als auch der römische Historiker Publius Cornelius Tacitus (um 55 – nach 115 n. Chr.) von den »Germanen« mit einem gewissen Respekt sprach. Tacitus war es überhaupt erst, dessen Schrift *Über den Ursprung und die Geographie der Germanen (De origine et situ Germanorum,* meistens nur *Germania* genannt) deutsche Humanisten des 15. und des 16. Jahrhunderts zur Beschäftigung mit der deutschen Geschichte veranlaßte. Dies gilt insbesondere für Beatus Rhenanus (1485-1547), der 1516 eine Neuausgabe der *Germania* herausbrachte und 1531 dann eine eigene *Deutsche Geschichte* veröffentlichte, weshalb man ihn als »Vater der deutschen Geschichtsschreibung« bezeichnet hat. Caesars und vor allem Tacitus' Lob der Germanen, auf das sich die Germanentümler bis heute immer wieder berufen, mag viele und vielschichtige Gründe haben. Möglicherweise verkörperten die Germanen für Tacitus sittliche Werte, die er in Rom verloren sah. Vielleicht wollte er seinen Landsleuten durch seine *Germania* einen Spiegel vorhalten, wobei es gar nicht auf die Richtigkeit in jedem Detail ankam. Tacitus hatte die Schreckensherrschaft Domitians (81-96 n. Chr.) erlebt, eines wahren Scheusals auf dem römischen Kaiserthron. Tacitus' Schwiegervater Gnaeus Iulius Agricola (40-93 n. Chr.) war unter Domitian in Ungnade gefallen und verbrachte den Rest seines Lebens in ständiger Todesangst. Tacitus selbst bekleidete zwar hohe und höchste Ämter, gehörte aber eindeutig zu Domitians politischen Gegnern und brachte dies in seinen Geschichtswerken sehr deutlich zum Ausdruck. Es wäre also denkbar, daß er tatsächlich in den Germanen »bessere Menschen« sah, die er 98 n. Chr., im Erscheinungsjahr der *Germania,* den Römern als Vorbild hinstellte.

Andererseits hat man darauf hingewiesen, daß Tacitus die Germanen durchaus nicht nur idealisiert.

Bisweilen kritisiert er sie auch. Daher müsse die *Germania,* so vermutete man, mehr als nur ein »Sittenspiegel« gewesen sein. Sie sei darüber hinaus als Warnung vor der Stärke der Germanen aufzufassen, gegen die man sich damals gerade einen entscheidenden militärischen Schlag erhofft habe. Möglich ist auch, daß Tacitus die Tüchtigkeit der Germanen bewußt hochspielte, um römische Siege über diesen Gegner in um so günstigerem Licht erscheinen zu lassen.

Wie dem auch sei – der Germanenkult des 19. Jahrhunderts entsprach mit seiner Verherrlichung alles Germanischen und seiner Inanspruchnahme vieler Elemente anderer Kulturen für das Bild, das man sich von den Germanen machte, eher romantischer Schwärmerei als irgendeiner historischen Realität. Der Wunsch, sich ein Idealbild irgendwelcher Ahnen zu schaffen, dazu die Sehnsucht zivilisationsmüder, kulturübersättigter Literaten nach dem »einfachen Dasein«, nach einer erträumten »heilen Welt« urzeitlichen Bauerntums – dieses und vieles andere mag zusammengewirkt haben, um eine Auffassung vom Germanischen entstehen zu lassen, in der das wenige, was man über die Germanen wußte, sich mit einer gehörigen Portion Phantasie paarte. Schließlich entstand so eine regelrechte Germanenideologie, die gar nicht mehr nach Argumenten fragte.

Im Strom dieser Tradition stand der 1858 im ostpreußischen Tilsit geborene Gustaf Kossinna. Er stammte aus einer gutbürgerlichen Familie; sein Vater war Gymnasialprofessor. Von 1876 bis 1881 studierte Kossinna in Göttingen, Leipzig, Berlin und

Straßburg klassische Philologie und Germanistik sowie deutsche Geschichte und Geographie. Besonders prägte ihn seine Studienzeit in Berlin. Hier begeisterte ihn sein Lehrer Karl Müllenhoff für die germanische und indogermanische Altertumskunde. Müllenhoff erstrebte eine interdisziplinäre Vorgeschichtsforschung auf der Basis einer Zusammenarbeit von Sprachwissenschaft und Archäologie. Diese Zielvorstellung ließ Kossinna nie mehr los, und er suchte sie später zu verwirklichen. 1881 wurde Kossinna in Straßburg mit einer philologischen Dissertation unter dem Titel *Die ältesten hochfränkischen Sprachdenkmäler* zum Doktor der Philosophie promoviert. Nach Abschluß seiner Studien begann er sofort eine Laufbahn als wissenschaftlicher Bibliothekar, die ihn über Halle, Berlin und Bonn 1892 endgültig nach Berlin führte. Allerdings befriedigte ihn seine Bibliothekarstätigkeit nicht. Daher widmete er jede freie Minute der Beschäftigung mit Germanen und Indogermanen. Auf seine Art nahm er eine Mittelstellung zwischen Fachmann und altertumsbegeistertem Amateur ein. Archäologe jedenfalls war und wurde er nie; dazu fehlte ihm jegliche praktische Felderfahrung.

Kossinnas Gedanken kreisten vor allem um einen Punkt: das Problem der ethnischen Deutung archäologischen Materials, die Frage also, wie sich bestimmte vorgeschichtliche Kulturen an Völkerschaften oder Stämmen »festmachen« lassen. Mit einer schlüssigen Antwort auf diese Frage ließe sich die Geschichte »nach hinten« verlängern, und man brauchte sich nicht mehr über »Kulturen« und »Industrien« irgendwelchen Typs den Kopf zu zerbrechen.

Die damit endgültig zur Urgeschichte gewordene Vorgeschichte verlöre so viel von ihrem heute bisweilen etwas abstrakten Charakter – sie würde eine »Wissenschaft zum Anfassen«.

Bei unbefangener Betrachtung scheint die Frage leicht zu beantworten. Braucht man nicht nur von einer frühen historischen Kultur auszugehen, von der man sicher weiß, welches Volk ihr Träger war, und dann im Verbreitungsgebiet dieser Kultur die Abfolge älterer Kulturen zu beobachten? Wäre, sofern es keinen Bruch gäbe, damit nicht bewiesen, daß die gleiche Bevölkerung ebenso lange in dem fraglichen Raum wohnte, wie sich die Kontinuität der Kulturabfolge zurückverfolgen läßt? Das klingt logisch, stößt aber in der Praxis auf Schwierigkeiten.

Auf die beschriebene Weise suchte der große schwedische Vorgeschichtler Oscar Montelius (1843-1921) in einem 1888 erschienenen Aufsatz nachzuweisen, daß die Vorfahren der germanischen Wikinger schon zur Steinzeit in Europas Norden eingewandert seien. In Nordeuropa bestehe, so argumentierte er, Besiedlungskontinuität von der Wikingerzeit durch die Eisen- und die Bronzezeit bis zurück zur Jungsteinzeit. Daraus folgerte er, während der gesamten Zeitspanne müsse Nordeuropa von Germanen bewohnt gewesen sein, deren Vorfahren schon in der Jungsteinzeit eingewandert seien. Freilich stellte Montelius diesen Gedanken mit all der für einen Wissenschaftler gebotenen Vorsicht zur Diskussion.

Ganz pragmatisch ging Rudolf Virchow, der große Mediziner und Vorgeschichtsforscher, der mehr als fünfzig Jahre lang Deutschlands bedeutendster Prähistoriker war, mit der Frage der Zuordnung bestimmter Kulturelemente an bestimmte Völkerschaften um. Zwei Burgwälle auf Rügen, die von Arkona und Garz, waren nach ihrer Zerstörung 1168 nicht mehr besiedelt worden. Also erklärte Virchow dort gefundene Tonware für slawisch. Diese Bezeichnung wandte er auch an, wenn die gleiche Tonware an anderen Fundplätzen vorkam, insbesondere dann, wenn auch schriftliche Quellen von der Anwesenheit von Slawen an den entsprechenden Orten berichteten. Vor den Slawen hatte es in Osteuropa Germanen gegeben. Wann die betreffenden Stämme jedoch in Osteuropa eingewandert waren und ob es vor ihnen noch andere Völkerschaften gab, geht aus den antiken Quellen nicht hervor. Virchow ließ daher offen, ob die Überreste der sogenannten Lausitzer Kultur, die sich unter den Schichten der slawischen Tonware fanden, germanisch oder vorgermanisch waren. Er wußte nur, daß die Lausitzer Kultur älter war als die nachweisliche Hinterlassenschaft der Slawen; ihren genauen Zeitansatz vermochte er nicht anzugeben. Virchow legte sich nicht fest. Dies war methodisch absolut korrekt und hält noch immer jeder Kritik stand.

Die wichtigsten Einwände gegen die »völkische« Deutung prähistorischer Grabungsbefunde, wie Kossinna sie trieb, trug Hans Jürgen Eggers (1906-1975) zusammen. Eggers, in Sankt Petersburg geboren, bis 1918 in Reval aufgewachsen und dann mit seinen Eltern nach Greifswald übergesiedelt, hatte einen ausgeprägten Sinn für ethnische, kulturelle und sprachliche Vielfalt. Seine persönlichen Lebenserfahrungen hatten diesen Sinn geschärft, und er machte ihn mit großem Erfolg für seine wissenschaftliche Forschungsarbeit nutzbar. So kam er auch zu der Erkenntnis, wie sehr beispielsweise Verbreitungskarten für bestimmte archäologische Objekte trügen können. Er hatte einen Blick für die Verschiedenartigkeit des Inventars von Gräbern, Horten und Siedlungen. In diesem Zusammenhang wies er darauf hin, daß das an aufgegebenen Wohnstätten verbliebene Material eine »negative Auslese« darstellt, weil man beim Verlassen einer Siedlung in erster Linie Dinge zurückläßt, die einen unterwegs behindern würden, und statt dessen mitzunehmen sucht, was man dringender braucht. Grabinhalte bieten dagegen eine Auslese ganz anderer Art, weil man für die Ausstattung von Gräbern nur Objekte verwendete, die die Bestattungssitte erforderte. Eggers unterstrich auch die Rolle, die der Handel spielte. Bei den bronzezeitlichen Goldgefäßen aus dem Fund von Eberswalde etwa, die Kossinna mit größtem Nachdruck kurzerhand für »germanisch« erklärt hatte, handelte es sich nach Ausweis der Fertigungstechnik zweifelsfrei um Importe aus dem Bereich der keltischen Hallstattkultur.

Hans Jürgen Eggers hatte Kossinna noch persönlich gekannt, ebenso Carl Schuchhardt, Kossinnas Widersacher. Schuchhardt, 1859 in Hannover geboren, war im Gegensatz zu Kossinna ein felderfahrener Grabungsfachmann und bediente sich allerneuester Grabungsmethoden. Eine seiner bedeutendsten Leistungen war der Nachweis ehemaliger Holzbauten anhand von Bodenverfärbungen. Eine besondere Rolle spielten dabei Pfostenlöcher, die sich in der Regel als dunklere Verfärbungen vom sonst helleren

Erdreich ringsum abheben. Derartige Pfostenlöcher wies man erstmals den neunziger Jahren des vorigen Jahrhunderts bei den Ausgrabungen im Bereich des römischen Limes nach. Wichtig wurden sie dann bei der Ausgrabung des römischen Lagers Haltern in Westfalen, dessen Bauten nur aus Holz und Erde bestanden hatten; mit älteren Grabungsmethoden wären sie archäologisch überhaupt nicht erfaßbar gewesen. Anhand von Pfostenlöchern erkannte Schuchhardt auch die Struktur der Bauten auf der sogenannten Römerschanze bei Potsdam, einem schon von Rudolf Virchow der Lausitzer Kultur zugewiesenen Burgwall, der allerdings in slawischer Zeit noch einmal besiedelt worden war. Man legte Schuchhardt das Wort in den Mund, nichts sei »dauerhafter als ein ordentliches Loch«. Er soll diese Äußerung gegenüber Kaiser Wilhelm II. getan haben, als er ihm eine Grabung erklärte. Majestät waren, so vernimmt man, »allerhöchst« amüsiert. Pikanterweise war es später ausgerechnet ein Kossinna-Schüler namens Kiekebusch, der mit Schuchhardts Pfostenlochmethode ein ganzes Dorf der jüngeren Bronzezeit in Buch bei Berlin ausgrub und für die rasche Verbreitung des neuen Verfahrens sorgte. Auch bei der Ausgrabung der bandkeramischen Siedlung in Köln-Lindenthal, im Bereich des heutigen Kölner Grüngürtels zwischen Dürener Straße und Frechener Bach, die in den Jahren 1926 bis 1936 durchgeführt wurde, spielte die Pfostenlochmethode eine wichtige Rolle. Heute gehört sie zur Routine archäologischer Vorgeschichtsforschung.

Für Kossinna, der selbst keinerlei archäologische Erfahrung besaß, war Schuchhardt, dieser hervorragende archäologische Methodiker, ein »Nichtfachmann«, nur weil er nicht, wie Kossinna, von der Germanistik herkam. Vor seiner Hinwendung zur Erforschung der deutschen Vorgeschichte hatte Schuchhardt sich überdies Verdienste als klassischer Archäologe erworben. Als er 1908 zum Direktor der Vorgeschichtlichen Abteilung des Berliner Völkerkundemuseums ernannt wurde, fühlte sich Kossinna benachteiligt. Dabei besaß Schuchhardt im Gegensatz zu ihm reiche Erfahrung nicht nur als Ausgräber, sondern auch als Museumsdirektor, hatte er doch zuvor das namhafte Kestner-Museum in Hannover geleitet. Deshalb hatte man ihn Kossinna vorgezogen, der sich gleichfalls um den Berliner Posten beworben hatte. Denn mit seiner Berliner Professur, die er 1902 erhalten hatte, war Kossinna von Anfang an ebenso unzufrieden wie vorher mit seiner Tätigkeit als Bibliothekar. Allmählich schaffte es der ewig Nörgelnde, sich die Mehrzahl seiner Kollegen zu Feinden zu machen. Ordentlicher Professor wurde er nicht. Seinen Lebensunterhalt bestritt er nach wie vor aus seiner verhältnismäßig schmalen Bibliothekarspension, die ihm 1902 bewilligt worden war. Das große wissenschaftliche Werk, das die Richtigkeit seiner Behauptungen beweisen sollte, stand weiterhin aus. Daß man ihm die Nichteinlösung dieses Versprechens verübelte, verstand er nicht.

In seiner Enttäuschung griff Kossinna Andersdenkende immer bissiger an. Außerdem wandte er sich nun vermehrt Kreisen zu, die seinen gleich Glaubenssätzen verkündeten Thesen willig Beifall zollten. Zunächst hatte Schuchhardt ihn an der Gründung der *Prähistorischen Zeitschrift* beteiligen wollen, doch scheiterte dies an der Intervention einflußreicher Mitglieder der von Virchow gegründeten Anthropologischen Gesellschaft. Die abermalige Zurücksetzung erboste Kossinna dermaßen, daß er eine eigene »Deutsche Gesellschaft für Vorgeschichte« ins Leben rief, deren Organ *Mannus*, benannt nach dem von Tacitus erwähnten legendären Urahnen der Germanen, zusammen mit der angegliederten Schriftenreihe »Mannusbibliothek« nun zur Richtstätte wurde, auf der Kossinna an seinen Kollegen, insbesondere Schuchhardt, grimmige Rache übte. Dabei nahm seine »Lehre« immer stärker die Form einer Weltanschauung an. Mehr und mehr begeiferte er die Mitglieder der Römisch-Germanischen Kommission des Deutschen Archäologischen Instituts, allen voran wiederum Carl Schuchhardt, als »Römlinge«, wohingegen er seine eigene Art, Vorgeschichte zu treiben, als »völkisch« betrachtete. Kurz: Er befand sich nun endgültig auf dem Weg vom Germanisten zum Germanentümler. Treffend charakterisierte Hans Jürgen Eggers den Gegensatz zwischen Kossinna und Schuchhardt: »Für Schuchhardt war die germanische nur ein Teil der allgemeinen europäischen Vorgeschichte. [. . .] Für Kossinna dagegen standen die Germanen und allenfalls noch deren Vorfahren eindeutig im Mittelpunkt des Interesses. Für ihn war, um ein Wort Fontanes zu gebrauchen, ›die ganze übrige Welt bloßer Rohstoff für germanisch-sittliche Mission‹.«

Auf der dritten Hauptversammlung der von ihm gegründeten »Deutschen Gesellschaft für Vorgeschichte« hielt Kossinna 1911 in Koblenz seinen berühmt-berüchtigten Vortrag »Die deutsche Vorgeschichte, eine hervorragend nationale Wissenschaft«, dessen Text bald darauf auch in Buchform erschien. Die Veröffentlichung wurde zur »Bibel« jener »deutschen« Vorgeschichtsforscher, wie später die Machthaber des NS-Regimes sie wünschten.

Allerdings hatte der Vortrag eine von Kossinna sicher nicht gewünschte Nebenwirkung. Nach einer flammenden Verherrlichung der alten Germanen, die nach seiner Auffassung schon in der Bronzezeit eine hohe Kulturblüte erlebt hatten, schloß er mit einem Appell an die Berliner Akademie, der deutschen Vorgeschichte mehr Beachtung zu schenken. Die Akademie kam diesem Verlangen nach und nahm einen der glänzendsten Vertreter der damaligen Vorgeschichtswissenschaft in ihre Reihen auf – Carl Schuchhardt. So standen die Dinge, als die Auseinandersetzung über den Goldfund von Eberswalde den endgültigen Bruch zwischen Kossinna und Schuchhardt brachte. Es war längst kein alltäglicher Gelehrtenkleinkrieg mehr, der sich hier abspielte; der Streit hatte eindeutig weltanschauliche Dimensionen angenommen.

Wie sehr Kossinna schließlich ganz bewußt Vorgeschichte und Zeitgeschehen miteinander vermengte, ja die Vorgeschichtswissenschaft zur Fortsetzung der Politik mit anderen Mitteln verkommen ließ, zeigt sein Versuch, nach dem Ende des Ersten Weltkriegs mit Hilfe seiner »völkischen« Deutung archäologischer Kulturprovinzen die Abtretung ehemals vom Deutschen Reich verwalteter Gebiete an den neugegründeten Staat Polen zu verhindern. Während in Versailles die Friedenskonferenz tagte, suchte Kossinna in einem Pamphlet mit dem Titel

Die deutsche Ostmark, ein Heimatboden der Germanen anhand prähistorischer Funde zu »beweisen«, daß die strittigen Gebiete schon seit der frühen Eisenzeit (rund 800-500 v. Chr.) germanisches Siedlungsland gewesen seien. Freilich nahm niemand in Versailles, wohin Kossinna seine Kampfschrift sandte, das Papier ernst.

Es fehlt nicht am Satyrspiel zur Tragödie. In Polen reagierte man begreiflicherweise heftig auf Kossinnas Einmischung, und ausgerechnet ein Kossinna-Schüler, der polnische Prähistoriker Jósef Kostrzewski, versuchte nun seinerseits, mit Kossinnas eigener Methode den ehemaligen Lehrmeister zu widerlegen. Nach seiner Darstellung hatten in den fraglichen Gebieten lange vor den Germanen Slawen gewohnt. Zum »Beweis« dessen mußte die vielbemühte Lausitzer Kultur herhalten, die nun, bisher nur wissenschaftlich umstritten, zu einem Zankapfel mit tagespolitischer Brisanz wurde. Was folgte, war keine wissenschaftliche Auseinandersetzung mehr, sondern ein von nationalistischen Aggressionen angeheizter Schlagabtausch nach der Devise: »Schlägst du meinen Germanen, schlag' ich deinen Slawen.« Kossinna-Anhänger auf beiden Seiten gossen einander kübelweise Unrat über die Köpfe. Die Wissenschaft blieb dabei auf der Strecke.

Kossinna, der auf seiner Suche nach neuen Wegen wissenschaftlicher Forschung zum Propheten des »völkischen« Germanenkults geworden war, starb 1931. Ungewollt einer der einflußreichsten ideologischen Wegbereiter des NS-Staates, erlebte er Hitlers »Machtergreifung« nicht mehr. Doch so wie seine Ideen beschaffen waren, konnte es nicht ausbleiben, daß sich NS-Ideologen ihrer bemächtigten. Kossinnas »Gesellschaft für Deutsche Vorgeschichte« wurde zum »Reichsbund«, Kossinnas umstrittene Methode zum Dogma. Die berechtigte wissenschaftliche Fragestellung, von der Kossinna ausgegangen war – die Fragestellung nämlich, ob es möglich sei, vor- und frühgeschichtliche Kulturprovinzen ohne schriftliche Zeugnisse bestimmten Völkern zuzuordnen –, war damit jeglicher weiterer Prüfung entzogen. Man brauchte schon eine gehörige Portion Mut, um sich, wie Hans Jürgen Eggers oder Ernst Wahle, im Deutschland des »Dritten Reiches« kritisch mit dem Problem und Kossinnas Lösungsversuchen auseinanderzusetzen.

Auch Kossinna, Schuchhardt und Eggers »fanden, was sie kannten«. Alle drei verkörperten unterschiedliche Facetten ihrer Zeit. Kossinna, auf Germanen fixiert, sah zum Schluß überall nur noch Germanen. Schuchhardt, dem Ideal forscherischer Redlichkeit verpflichtet, erkannte wissenschaftliche Herausforderungen und nahm sie an. Eggers, empfänglich für Sprach- und Kulturvielfalt, entdeckte Nuancenreichtum und Formenfülle im archäologischen Material. Nichts aber hätte deutlicher und schmerzvoller zeigen können, wie sehr Archäologie Spiegel der Gegenwart ist, als der Streit zwischen Kossinna und Schuchhardt sowie ihren jeweiligen »Schulen«.

Archäologie und Umwelt

Einer unserer größten Trümpfe scheint ein ganz neuer Zweig der Altertumsforschung zu werden: die Paläoökologie, die Wissenschaft von den Umweltbedingungen in der Vergangenheit. Angesichts der massiven Umweltbedrohung in der Gegenwart ist das Umweltbewußtsein enorm gewachsen. Immer mehr verbreitet sich das Gefühl, daß der Mensch endlich lernen muß, seine Welt nicht auszubeuten, sondern sich selbst als Teil der Welt zu begreifen, in der er lebt. So ist es nicht verwunderlich, daß man nun auch erfahren möchte, wie sehr der Mensch in früheren Epochen von der Natur abhängig war und wie er mit ihr umging. Unübersehbar entspricht die Paläoökologie unserem heutigen ganzheitlichen Verständnis von Mensch und Umwelt. Insofern finden heutige Forscher, die sich mit dieser Wissenschaft abgeben, was sie kennen: den Menschen in seinem Eingebettetsein in das Ensemble von Klima, Vegetation und Tierwelt.

Indessen sollte man sich hüten, die Dinge allzusehr zu vereinfachen. Denn wie immer man Paläoökologie umschreiben mag: Simple Projektion von Gegenwartserfahrungen auf die Vergangenheit ist sie nicht. Bezeichnenderweise war es ein naturwissenschaftlich orientierter Denker, der Zoologe und Naturphilosoph Ernst Haeckel (1834-1919), der schon 1866 den Begriff Ökologie prägte und als »Wissenschaft von den Beziehungen des Organismus zur umgebenden Außenwelt« definierte. Heutige Ökologen und damit auch Paläoökologen stehen mithin bereits in einer Tradition, die annähernd ebenso alt ist wie die moderne Archäologie selbst. Im Grunde gehört die Paläoökologie sogar zur altehrwürdigen Wissenschaft der Paläontologie, die, angesiedelt zwischen Geologie, Biologie und Archäologie, sich mit den fossilen Lebensformen vergangener Epochen befaßt.

Hier sind einige Begriffsbestimmungen vonnöten Fossil kommt von dem lateinischen Zeitwort »fodere« für »graben«. Ein Fossil ist also etwas Ausgegrabenes, im engeren Sinne ein Lebewesen, von dem man bei Ausgrabungen Reste fand. Doch der Wortsinn erfuhr eine noch stärkere Einengung: Man spricht von »fossilen« Arten, wenn es sich um ausgestorbene Arten irgendwelcher Lebewesen handelt, deren Existenz nur noch durch Ausgrabungen nachweisbar ist. Fossil wurde daher gleichbedeutend mit »ausgerottet«, »urzeitlich« und dergleichen mehr. So gesehen, ersetzte das Wort ein Stück weit die veraltete Vokabel »antediluvianisch«, was wörtlich soviel wie »vorsintflutlich« bedeutet, früher jedoch für »voreiszeitlich« stand. Selbstverständlich gab es auch fossile Menschen, Angehörige ausgestorbener »taxonomischer Rassen« wie etwa die Australopitheken und die Australopithekinen vor einigen Jahrmillionen, den Homo erectus vor rund 500 000 Jahren, den Neandertaler vor etwa 100 000 bis ungefähr

40 000 Jahren sowie, zeitlich an den Neandertaler anschließend, den Cro-Magnon-Menschen, der uns heutigen Menschen vom Typus her schon sehr nahe steht, so daß man ihn geradezu als eine fossile Frühform des Jetztzeitmenschen bezeichnet.

Für fossile *Menschen* ist jedoch nicht die Paläontologie zuständig, sondern teils, in biologischer Hinsicht, die Paläoanthropologie, teils die Archäologie, die sich im wesentlichen mit den frühen Kulturen beziehungsweise deren materieller Hinterlassenschaft befaßt. Gegenstand der Paläontologie sind die versteinerten Überreste nichtmenschlicher Lebewesen, vorwiegend von Tieren, vor allem aus einer Zeit, in der es unseres Wissens noch gar keine Menschen gab. Heute hat sich von der Paläontologie ein eigener Forschungszweig abgespaltet, der sich ausschließlich mit pflanzlichen Überresten abgibt; wir bezeichnen ihn als Paläobotanik.

Von Anfang an ernährte sich der Mensch von Pflanzen sowie von Tieren, von denen er einige in einer verhältnismäßig späten Phase seiner kulturellen Entwicklung dann zähmte. Manche der ausgestorbenen Arten wurden schon in vorgeschichtlicher Zeit vom Menschen ausgerottet, obwohl seine Waffen damals noch vergleichsweise primitiv waren. Mit solchen Pflanzen- und Tierarten, deren Überreste zusammen mit den Überresten menschlicher Kultur gefunden wurden, beschäftigen sich zwei Forschungszweige, die ihrerseits mit der Paläoökologie aufs engste verzahnt sind und wie diese letztlich auf die altehrwürdige Paläontologie zurückgehen: die Archäobotanik, bisweilen auch als Paläoethnobotanik bezeichnet, und die Archäozoologie. Den Archäobotaniker interessiert sowohl die natürliche pflanzliche Umwelt des Menschen vergangener Epochen als auch die vom Menschen durch Kultivierung, Ausrottung und so weiter hervorgerufene Veränderung der Flora, soweit diese durch archäologische Grabungsfunde belegt sind. Archäozoologen tun Entsprechendes mit Bezug auf die Tiere, die der frühe Mensch jagte, verspeiste, ausrottete oder zähmte.

Ein besonders bekanntes und zweifellos auch besonders wichtiges Verfahren der Archäobotanik ist die Pollenanalyse, die Palynologie; sie widmet sich der Untersuchung fossiler Blütenpollen, die namentlich im sauerstoffarmen Milieu einstiger Moore hervorragend konserviert werden. Da man unter dem Mikroskop feststellen kann, von welchen Pflanzen die einzelnen Pollen herrühren, ist leicht zu zeigen, wie einst die pflanzliche Umwelt des Menschen beschaffen gewesen sein muß. Beispielsweise läßt sich nachweisen, ob die Landschaft typische Merkmale einer eiszeitlichen Tundra aufwies wie jener Fundort in Salzgitter-Lebenstedt bei Braunschweig, wo vor rund 50 000 Jahren neandertaleske oder dem Praesapienstyp angehörende Großwildjäger Mammute, Wollnashörner, Wisente, Wildpferde und vor allem Rentiere jagten, oder ob der Pflanzenwuchs, wie an der Fundstätte Stellmoor zwischen Hamburg und Ahrensburg, dem Charakter der jüngeren Dryasperiode entsprach, die den letzten Kälterückschlag am Ende der bisher jüngsten Eiszeit brachte. Sofern Wald vorherrschte, hat sich dies erst recht im Pollenbefund niedergeschlagen. Es läßt sich sogar bestimmen, ob es Laubwald, Nadelwald oder Mischwald war, im letztgenannten Fall, aus welchen Bäume er sich zusammensetzte, und manches andere mehr. Das Pflanzenkleid einer Landschaft läßt ferner eindeutige Folgerungen hinsichtlich des Klimas zu. Tundren beispielsweise säumten eiszeitliche Gletscher; von allmählicher Erwärmung und folglich vom Umsichgreifen des Waldes zeugen Pionierbäume wie Weiden oder Birken. Da bestimmte Mischwaldtypen relativ kühles, feuchtes Klima vorziehen, während andere wärmeliebend sind, läßt sich an der Pollenanalyse ablesen, ob ehedem die Witterung eher warm oder eher kühl war. Damit ist die vielfältige Anwendbarkeit der Pollenmethode bei weitem nicht erschöpft, was sie als Hilfsmittel der vergleichenden Datierung um so wertvoller macht. Findet man nämlich archäologisches Material im Zusammenhang mit Pflanzenpollen, deren Zusammensetzung das typische Muster einer bestimmten Waldperiode ergibt, muß es logischerweise mit der betreffenden Phase der Waldgeschichte zeitgleich sein.

Entwickelt wurde die Pollenanalyse übrigens schon früher in unserem Jahrhundert, lange bevor das moderne Umweltbewußtsein aufkam, von dem schwedischen Moorgeologen Lennart von Post (1884-1951). Auf deutschem Boden wandte sie erstmals 1927 Karl Bertsch an, auch er Moorgeologe. Schauplatz war das Federseemoor bei Bad Buchau in Württemberg. Bertsch stellte fest, daß hier das Bild der Vegetation in der Altsteinzeit nacheinander durch Weiden, Birken und Kiefern geprägt gewesen war. Eine mittelsteinzeitliche Siedlung in der Nähe des dortigen Torfwerkes fiel zeitlich ungefähr mit dem »Haselgipfel« zusammen, der Phase, in der über die Hälfte aller Pollen von Haselnußsträuchern stammten. Typisch für die Jungsteinzeit war das Überhandnehmen des Eichenmischwaldes; in dieser Periode hatten die Lagerplätze Aichbühl und Riedschachen bestanden. Die ebenfalls jungsteinzeitliche Moorsiedlung Dullenried hielt man ursprünglich für älter als die beiden genannten archäologischen Stätten. Um so überraschter war man, als der Pollenbefund bereits auf eine Ablösung des Eichenmischwaldes durch Buchenwälder hindeutete, die für spätere Phasen der Vorgeschichte bis hin zur Römerzeit typisch waren. Erst in historischer Zeit gewannen dann Fichten die Oberhand.

Inzwischen liegen zahlreiche Pollendiagramme für alle Teile Europas vor, die Vergleiche ermöglichen, und auch das Analyseverfahren selbst wurde erheblich verfeinert. Längst sind die Wissenschaftler in der Lage, auch Gras- und Kräuterpollen auszuwerten. Beispielsweise kann man auf diese Art bestimmen, wann und wo Ackerbau eingeführt wurde, und anhand des Vorkommens bestimmter Unkräuter läßt sich feststellen, ob eine Landschaft zu einer bestimmten Zeit bewohnt war oder nicht.

Auch beim Einsatz der Pollenanalyse wird der Archäologe, diesmal indirekt, »finden, was er kennt«. Der methodische Beitrag der Naturwissenschaft erweitert sein eigenes Gesichtsfeld; was Vertreter anderer Disziplinen erforscht haben, kann er für seine Arbeit voraussetzen. Abermals findet die Gegenwart ihren Niederschlag in der Archäologie, bedenkt man, in welchem Ausmaß das geschärfte Umweltbewußtsein heute unsere Welt prägt. Längst ist den Vorgeschichtsarchäologen klargeworden, daß Raubbau und Umweltverschmutzung nicht auf die Neuzeit beschränkt sind, sondern schon vor Jahrtausenden stattfanden. Wenn frühe Bauern Wald rodeten, indem sie ihn in Brand steckten, um auf den so entstandenen Lichtungen Ackerbau zu treiben, so hatten sie in der Holzasche einen wertvollen Dünger, und ihre Brandrodungsfelder erbrachten zunächst hohe Erträge. Doch bald schon war das Erdreich ausgelaugt. Die Kraft des Aschendüngers war erschöpft; immer magerer wurden die Ernten, und man mußte neue Waldstücke niederbrennen, um weiter mit Erfolg pflanzen zu können. In vielen Fällen erholte der Boden sich nicht; weder wurde er neuerdings anbaufähig, noch kam der Wald zurück. Statt dessen siedelten sich Heidekraut und Buschwerk an. So entstanden die ausgedehnten Heidegebiete im Norden Mitteleuropas. Das inzwischen vielerorts modernen Feldbestellungsmethoden weichende, zunehmend zersiedelte Heideidyll um Lüneburg und anderswo ist also in Wirklichkeit das Ergebnis einer Umweltschädigung großen Stils: landwirtschaftlichen Raubbaues auf kargen Böden.

Doch dies ist nicht der einzige »Fingerabdruck«, den der vorgeschichtliche Mensch im Boden hinterließ. Wo immer Menschen leben, gibt es Abfälle: Werkstattabfälle, Speisereste, Verdauungsprodukte und dergleichen mehr. Das gilt für heute wie für ehedem. Die von dem US-amerikanischen Völkerkundler und Archäologen Lewis Richard Binford begründete »Neue Archäologie«, die immer mehr völkerkundliche Beobachtungen an neuzeitlichen beziehungsweise noch existierenden Stammeskulturen in die Analyse archäologischer Befunde einbezieht, hat sich auf »Müllverteilungsmuster« in Vergangenheit und Gegenwart geradezu kapriziert. Diese Müllverteilungsmuster, die man vorhandenen Kulturen abschaut, lassen erkennen, welche Funktion archäologische Strukturen hatten, etwa Werkstatt, Wohnraum, Schlafraum, Kochstelle, Backherd, keramischer Ofen, Schmelzofen, Schmiedeofen, Kohlenmeiler, Latrine, Speicher und so fort. Der von der Gegenwart ausgehende Befund gestattet nunmehr Rückschlüsse auf die Organisation des täglichen Lebens und damit auf die gesellschaftliche Gliederung der Völkerschaften, die Träger vorgeschichtlicher Kulturen waren. Hier, bei der Projektion von Beobachtungen an derzeitigen Stammeskulturen auf die Vergangenheit, wird das Einbringen von Gegenwartserfahrungen zum methodischen Prinzip erhoben. Die »Neue Archäologie« beruht somit auf einem Bekenntnis zu unserer Formel »Sie fanden, was sie kannten«. Ihre Anhänger unternehmen Expeditionen zu Stämmen, deren Mitglieder heute leben wie vor Jahrtausenden ihre Ahnen, um daraus auf einstige Zustände zu schließen.

Die »Müllarchäologie« hat jedoch noch einen ganz anderen Aspekt, der den Archäologen lange vor Binford und seiner »Neuen Archäologie« bekannt war. Überall, wo menschliche Leichname und Tierkadaver verwesen, Speisereste verderben, Küchenabfälle verfaulen, Fäkalien und anderes organisches Material zerfallen, ist Chemie im Spiel. Es entstehen Phosphate, die im Erdreich zurückbleiben; nur sehr langsam spült Sickerwasser die Phosphatrückstände aus. Von solchen »chemischen Visitenkarten« des frühen Menschen lassen sich Archäologen zu vorgeschichtlichem Material hinführen. Man braucht nur einem Geländestück Bodenproben zu entnehmen. Meistens geht es dabei so zu, daß man eine Probe des zu untersuchenden Erdreichs in Salzsäure auflöst und die Lösung einer Ammoniummolybdatlösung zusetzt. Sind im Boden Phosphate enthalten, so fällt dabei ein gelber, schwerer Niederschlag aus. Freilich reagieren die genannten Chemikalien äußerst sensibel. Um die gelbe Ausfällung hervorzurufen, genügen daher winzige Phosphatmengen. Selbstverständlich erteilt das Verfahren keinerlei Auskunft darüber, aus welcher Zeit der Phosphatgehalt im Boden stammt. Er kann ja auch durch Verunreinigung in allerjüngster Zeit, etwa durch eingesikkerten Dünger, entstanden sein. Daher empfiehlt es sich, regelrechte »Phosphatprofile« anzulegen. Zu diesem Zweck entnimmt man dem Boden entlang sich gitterartig kreuzender Linien in kurzen, regelmäßigen Abständen möglichst viele Proben aus verschiedenen Tiefen und trägt die Resultate in einen Plan des betreffenden Geländes ein. Dadurch wird nicht nur der Umfang der Phosphatverteilung sichtbar, sondern es zeichnet sich auch ein Verteilungsmuster ab. Im günstigsten Fall lassen diese Verteilungsmuster Strukturen erkennen, aus denen man Rückschlüsse auf den Charakter der archäologischen Überreste im Boden ziehen kann. Bisweilen ist dieses Verfahren die einzige Möglichkeit, das einstige Vorhandensein tierischer oder menschlicher Überreste im Erdreich nachzuweisen, dann nämlich, wenn diese Überreste längst zerfallen sind. So profitieren die heutigen Archäologen noch nach Jahrtausenden von der »Umweltverschmutzung«, die Menschen und Tiere einst anrichteten.

Die Phosphatanalyse ist nur wenige Jahre jünger als die Pollenanalyse. Beschrieben wurde sie erstmals 1931 von dem schwedischen Landwirtschaftsbotaniker Olof Vilhelm Arrhenius in der *Zeitschrift für Pflanzenernährung, Düngung und Bodenkunde.* Sie ist ein weiteres Beispiel dafür, wie die Archäologie aus den Erkenntnissen naturwissenschaftlicher Fachrichtungen Nutzen ziehen, sie in eigene Forschungsergebnisse umsetzen kann. Bei der Phosphatanalyse ist es die Umsetzung der Verteilungsmuster von Resultaten chemischer Prozesse in archäologische Aussagen über Leichname, Tierkadaver, Siedlungsplätze oder einfach Viehtränken, neben denen einst die Tiere prähistorischer Bauern ihren Dung abgaben. Während die »Neue Archäologie« zeitgenössische Beobachtungen auf die Vergangenheit anwendet, wird hier die chemische Analyse der Klärung historischer Sachverhalte dienstbar gemacht. Moderne interdisziplinäre Wissenschaft – auch darin spiegelt die Archäologie aktuelle Gegenwart wider.

Atlantis – Tummelplatz für Steckenpferdarchäologen

Typisch für Atlantis ist, daß es vor allem Laien fasziniert. Zwar war kein Geringerer als der griechische Philosoph Platon (427-347 v. Chr.) Autor der Atlantis-Erzählung. Im allgemeinen betrachten es Archäologen jedoch nicht als ihre Aufgabe, Äußerungen klassischer Philosophen mit dem Spaten oder, moderner, mit elektromagnetischen Sonden nachzuspüren. In aller Regel sind es also Nichtfachleute, die Atlantis für ein »Rätsel der Altertumswissenschaft« halten, während ernst zu nehmende Forscher die Mär vom versunkenen Inselkontinent eher zum eisernen Bestand an Kuriositäten rechnen, die nachrichtenarme Zeiten wie das alljährliche »Sommerloch« überbrücken helfen sollen.

Daß die Beschäftigung mit Atlantis den Gelehrten als suspekt gilt, ist hauptsächlich darauf zurückzuführen, daß in diesem Zusammenhang der Spekulation Tür und Tor geöffnet sind. Dies unterscheidet die Atlantis-Frage von echten archäologischen Problemen, die nicht von außen an den Archäologen herangetragen werden, sondern sich unmittelbar aus Befunden ergeben. Worum geht es bei Atlantis? In seinen Altersdialogen *Timaios* und *Kritias* berichtet Platon von einem riesigen Inselkontinent, der rund neuntausend Jahre vor dem athenischen Staatsmann Solon (etwa 640-560 v. Chr.) außerhalb der »Säulen des Herakles«, wie die antike Welt die Straße von Gibraltar bezeichnete, im Atlantik gelegen habe, aber »an einem einzigen Tag und in einer Nacht voller Schrecken« mit Mann und Maus untergegangen sei. Die Bewohner dieser Insel hätten – immerhin an die zehntausend Jahre vor der Zeitenwende, als die Höhlenbilder von Les Combarelles in Frankreich und die Ritzungen auf den Schieferplatten von Feldkirchen-Gönnersdorf bei Neuwied entstanden! – über eine voll entwickelte Bronzetechnologie und Eisenmetallurgie verfügt, eine hochdifferenzierte Gesellschaftsstruktur besessen, die Schrift gekannt sowie, jawohl, Athen angegriffen. Im Grunde ist diese Erzählung angesichts aller vorgeschichtsarchäologischen Befunde dermaßen absurd, daß jeder Gedanke an irgendeinen nachweisbaren Wahrheitskern müßig erscheint. Tatsächlich steht Atlantis innerhalb der genannten Platonischen Dialoge für ein Denkmodell. Sokrates hat eine Rede über den besten Staat gehalten und möchte diesen Staat nun gern einmal nicht in statuarischer Ruhe, sondern, wie es wörtlich heißt, »in Bewegung« sehen. Er wünscht im gedanklichen Experiment zu beobachten, wie sich ein solcher Staat in einer Krise verhält. Daraus wird klar: Atlantis ist eine Erfindung, ein Wunschbild, eine Utopie.

Damit könnte man sich zufriedengeben. In der Tat äußerte sich Platons jüngerer Zeitgenosse Aristoteles (384-322 v. Chr.): »Der Mann, der Atlantis träumte, ließ sein Traumbild auch wieder verschwinden.« Aristoteles gehörte zwanzig Jahre lang Platons Akademie in Athen an, löste sich erst nach Platons Tod von ihr und ist heute unser wichtigster Gewährsmann in bezug auf die Echtheit der Platonischen Schriften. Wenn er Platons Atlantis nicht für bare Münze nahm, sollte dies eigentlich zu denken geben. Daß man sich schließlich doch darüber den Kopf zerbrach, ob Atlantis nicht nur in Platons Phantasie existiert habe, verdanken wir einem gegenüber Aristoteles eher unbedeutenden Denker der nächsten Generation: Krantor von Soloi (um 300 v. Chr.), der ebenfalls der von Platon gegründeten Akademie angehörte. Er verfaßte Trostschriften und den ersten Kommentar zu Platons *Timaios*. Im Gegensatz zu Aristoteles nahm Krantor die Atlantis-Geschichte für bare Münze. Platon will sie von Solon überliefert bekommen haben, und Solon wiederum habe sie, so heißt es, von einem ägyptischen Priester gehört. Krantor behauptet nun, er habe selber Nachforschungen in Ägypten angestellt und sei dabei auf schriftliche Urkunden aus uralter Zeit gestoßen, die das durch Platon überlieferte Zeugnis Solons bestätigten.

Krantor war indes kein Ägyptologe. Sollte er sich wirklich in Ägypten umgesehen haben, konnten ihm seine dortigen Gewährsleute jeden Bären aufbinden, den sie wollten. Gewiß gab es ägyptische Schriftdokumente, die im Vergleich mit altgriechischen Texten uralt waren. Sie gingen jedoch allenfalls bis zur Reichsgründung zurück, also bis um 3000 v. Chr., auf keinen Fall aber bis neuntausend oder mehr Jahre vor unserer Zeitrechnung.

Ebenso unmöglich wie der Zeitansatz, den Platon gibt, ist der Ortsansatz des atlantischen Inselkontinents »außerhalb der Säulen des Herakles«. Zwar begannen um das Jahr 10 000 v. Chr. die Eiszeitgletscher abzuschmelzen, und der Spiegel der Weltmeere stieg um 100 bis 200 Meter, was dazu führte, daß an den Rändern der Kontinente eine Menge Land unterging. Doch gerade dort, wo Platon Atlantis hinverlegt, nämlich mitten im Atlantik, konnte kein Land untergehen – weil es keines gab.

Wir wissen heute, daß die Kontinente seit Jahrmillionen auseinanderdriften. Der Tiefseeboden reißt, bricht auf, und vulkanisches Land steigt aus der Tiefe empor. Im Atlantik entstand so der sogenannten Mittelatlantische Rücken. Die mitten im Ozean liegenden Inseln von Jan Mayen im hohen Norden bis Tristan da Cunha ganz im Süden sind keine Ruinen eines verschollenen, untergegangenen Kontinents, sondern über die Fluten ragende Gipfel eines unterseeischen Gebirges, das sich hier, von plutonischen Kräften gehoben, aus der Tiefsee bis hoch über den Meeresspiegel emportürmt. Gemäß Schwerefeldmessungen und Tiefsee-Sedimentkernproben kann der Atlantikboden nicht einmal im Gebiet des »Delphinrückens« bei den Azoren, wo einige Autoren ein Landabsinken à la Atlantis vermuteten, während der letzten 20 Millionen Jahre eine Landmasse der von Platon angegebenen Größe dargestellt haben, die eines Tages in den Fluten versunken wäre. Alle Versuche, Atlantis im Atlantik zu orten, haben sich damit erledigt. Über sie braucht kein Wort mehr verloren zu werden.

Wem diese geophysikalischen Tatsachen nicht genügen, der sei auf einige Überlegungen allgemeiner Art hingewiesen. So sollen nach Platon die Atlanter gegen Athen zu Felde gezogen sein. Um

9600 v. Chr. aber existierten weder Hellenen noch eine Stadt namens Athen; es gab damals noch nicht einmal die allerältesten Siedlungen städtischen Gepräges, die bisher von Archäologen nachgewiesen wurden, nämlich Altjericho im Jordantal, dessen älteste archäologische Schichten bis um 9000 v. Chr. zurückreichen, und Çatal Hüyük in Anatolien, wo das älteste mit Hilfe der Radiokarbonmethode datierte Material bei einer Plus-Minus-Abweichung von 101 Jahren immerhin noch aus der Zeit um 6385 v. Chr. stammt. Die ältesten archäologischen Spuren im Bereich Athens datieren dagegen erst aus dem 14. Jahrhundert v. Chr. Von irgendwelchen Kriegen, in die Athen rund 8200 Jahre vorher verwickelt gewesen sein soll, kann mithin keine Rede sein.

Weiterhin soll Atlantis damals laut Platons *Kritias* schon die Bronze-, ja sogar die Eisenmetallurgie gekannt haben. Bis zur Verwendung von Bronze dauerte es indessen noch rund sieben Jahrtausende, und Eisen kam erst weitere tausend Jahre später in Gebrauch. Nimmt man die beiden Dialoge wörtlich, beherrschten die Atlanter außerdem die Kulturtechniken des Lesens und des Schreibens; ferner verfügten sie über kodifizierte Gesetze und ein hochentwickeltes Gesellschaftssystem mit monarchischer Regierung. Allerdings galt für die Monarchen eine Art Kollegialitätsprinzip; man traf zusammen, um zu beraten und gemeinsam Gerichtstag zu halten. Von solchen Errungenschaften war man um 9600 v. Chr. noch allenthalben weit entfernt. Die ältesten uns bekannten Schriften tauchen erst mehr als sechstausend Jahre später in Sumer und Ägypten auf, und die ältesten erhaltenen Schriftzeugnisse aus China sind sogar rund weitere zweitausend Jahre jünger. Alphabetschriften gibt es seit dem 2. Jahrtausend v. Chr. Die dem phönikischen Alphabet entlehnte griechische Alphabetschrift ist erst nach 900 v. Chr. nachweisbar, und erst 403 v. Chr. – Platon war damals vierundzwanzig – übernahm Athen offiziell das kleinasiatisch-ionische Alphabet der Milesier für Staatsurkunden. Platon hat daher recht, wenn er einem altägyptischen Priester das Wort in den Mund legt: »Ihr Griechen seid doch nichts als Kinder!« In der Tat – verglichen mit den schriftlichen Überlieferungen Altägyptens waren die Überlieferungen Altgriechenlands sehr jung, selbst wenn man die vorgriechische Linear-A- und die frühgriechische Linear-B-Schrift der minoischen und der mykenischen Epoche (1900-1500 bzw. um 1400 v. Chr.) hinzunimmt. Aber auch altägyptische Schriftquellen reichten, wie gesagt, höchstens bis 3000 v. Chr. zurück. Die Annahme, im 10. Jahrtausend v. Chr. könne es bereits eine Hochkultur mit einem eigenem Schriftsystem gegeben haben, ist auf jeden Fall ein Unding, das sich nicht in den Rahmen der von der Vorgeschichtswissenschaft erhobenen Befunde fügt.

Hätten tatsächlich um 9600 v. Chr. »Atlanter« als Vertreter einer Hochkultur mit Bronze- und Eisenwaffen den Mittelmeerraum überfallen, der damals noch tief in der Steinzeit steckte – keine Macht der damaligen Welt hätte sie aufhalten können, auch kein Bewohner des damaligen Attika. Die Atlanter wären waffentechnisch wie gesellschaftlich erdrükkend überlegen gewesen. Der Verfasser der beiden Dialoge aber läßt die Atlanter den Athenern militärisch unterliegen!

Laut Platon saßen die Atlanter nicht nur auf ihrem Inselkontinent außerhalb der »Säulen des Herakles«, sondern beherrschten auch die Mittelmeer-Nordküste von Gibraltar bis Etrurien und die Mittelmeer-Südküste von Ceuta bis Ägypten. Beide Küstenstreifen sind archäologisch keineswegs »weiße Flecken«. Dennoch hat man dort von »Atlantern« bislang nicht die geringste Spur ans Licht gebracht. Dabei wäre die Hinterlassenschaft einer Hochkultur des 10. Jahrtausends v. Chr. gewiß nicht unbeachtet geblieben. Die Entdeckung einer solchen Kultur käme einer archäologischen Sensation gleich, welche die Vorstellungen der Gelehrten in aller Welt über den Haufen würfe.

Unterm Strich können wir mithin festhalten, daß es für die Existenz von Atlantis nur einen einzigen Zeugen gibt: Platon. Doch der große Philosoph war gar kein Zeuge. Vielmehr hat er den Inselstaat zu Lehrzwecken erfunden. Die Atlantis-Geschichte ist ein Gleichnis. Als Kind seiner Zeit umgab Platon die Knochen abstrakter Begrifflichkeit nur zu gern mit dem lebendigen Fleisch konkreter Anschaulichkeit. Die Erzählung selbst legte er seinem Onkel Kritias in den Mund. Der betont zwar den Wahrheitscharakter seines Berichts, doch klingt seine Beteuerung nicht so recht glaubhaft. So versichert er, die Kunde von Atlantis habe er von Solon, der zwar einer der Weisesten im Lande, zugleich aber auch einer seiner »freiesten« Dichter gewesen sei. Und als Kritias geendet hat, kommentiert Sokrates mit unüberhörbarer Ironie, wie gut es doch sei, einmal eine wirklich wahre Geschichte gehört zu haben.

Ganz offenkundig ist Atlantis also ein Land »Nirgendwo«, was die Bedeutung des von dem englischen Humanisten Thomas Morus geprägten griechischen Wortes »Utopia« genau wiedergibt. Es ist ein Land, das mit Platons Orts- und Zeitansatz in keine Zeittafel und auf keine Landkarte paßt – kurz: ein Märchenland. Nichtsdestoweniger reizt es, dem Märchen archäologisch nachzuspüren, denn Platon hat die Details, aus denen er sein Phantasiegebilde schuf, nicht einfach aus der Luft gegriffen. Allem Anschein nach projizierte er ihm Bekanntes auf die Fiktion »Atlantis«. Insofern könnte die Legende doch einen realistischen Hintergrund haben. Gerade das macht den »Fall Atlantis« so schillernd – und zugleich verlockend für Möchtegernarchäologen wie auch für manchen gestandenen Altertumsforscher. An zwei Deutungsbeispielen sei gezeigt, wie es auf dem »Tummelplatz Atlantis« zugeht.

Die eine Deutung stammt von dem griechischen Archäologen Spyridon Marinatos (1901-1974). Marinatos kannte die minoische Kultur und war fasziniert von der Kykladeninsel Thera (Santorin), auf der er südlich von Akrotiri eine blühende, der altkretisch-minoischen Kultur nahestehende bronzezeitliche Ansiedlung freilegte, die während des 15. Jahrhunderts vor unserer Zeitrechnung im Krachen der Explosionen des berstenden Thera-Vulkans unterging und von Unmassen vulkanischer Asche begraben wurde. Nach unserer These »Sie fanden, was sie kannten« lag es daher nahe, daß Marinatos zum Vertreter der »minoischen Atlantis-Hypothese« wurde. Allerdings war er nur deren wichtigster Verfechter. Ihr eigentlicher »Vater« war ein gewisser K.T. Frost, der eine Zeitlang an der Queens University in Belfast tätig war und im Ersten Weltkrieg fiel. Frost legte seine Auffassung erstmals in einem anonymen Aufsatz dar, der am 19. Februar 1909 unter der Überschrift »The Lost Continent« (»Der verlorene Kontinent«) in der *Times* erschien. Später äußerte Frost sich ausführlicher in der altertumskundlichen Fachzeitschrift *Journal of Hellenic Studies*; der Artikel war überschrieben: »The ›Critias‹ and Minoan Crete« (»Der ›Kritias‹ und das minoische Kreta«). Nachweislich stand Frost stark unter dem Eindruck der Ausgrabungen, die Arthur Evans seit 1900 auf Kreta, insbesondere in Knossos, durchführte. So kam er auf die Idee, Platon könne die versunkene Welt der Minoer im Sinn gehabt haben, als er sein untergegangenes Atlantis schilderte.

Auch hier ist Euhemerismus im Spiel. So wie einst Euhemeros von Messene nach einem historischen Wahrheitskern antiker Mythen gesucht hatte, Schliemann an die Geschichtlichkeit der von Homer geschilderten Ereignisse glaubte und andere die Bibel beim Wort nahmen, so nahm Frost Platons Atlantis-Geschichte für bare Münze. Allerdings versuchte er sie mit dem in Einklang zu bringen, was er wußte. So projizierte er archäologisch Hochaktuelles, eben die Entdeckung der Minoer durch Evans und andere, auf Platons Mythos, und heraus kam die »minoische Atlantis-Hypothese«.

Marinatos nun wußte, daß Erdbeben und Vulkankatastrophen in Seegebieten Seebebenwogen hervorzurufen pflegen. Schon 1932 glaubte er bei Untersuchungen nahe Amnisos an der kretischen Nordküste den Auswirkungen einer Flutkatastrophe auf der Spur zu sein. In den tieferen Schichten eines

Gebäudes unmittelbar am Strand fand er große Mengen unterschiedlich feinen Bimsmaterials in Form von Bimsstein und Bimssand; eine rechteckige Grube im Innern des Bauwerks war voll von Bimskies. Für Marinatos stand damit fest, daß Wogen einer gewaltigen Flut das Gebäude bis auf die Grundmauern abrasiert haben mußten. In der Folge hatte die See den Bimsstein angeschwemmt und in den Vertiefungen der Ruine abgelagert.

Weiteres schildert der Dubliner Altertumskundler J. V. Luce: »An der etwas weiter landeinwärts und gleichzeitig ein wenig höher gelegenen ›Freskenvilla‹ fiel Marinatos die ungewöhnliche Art der Zerstörung auf, die Mauern und Mauerecken aufwiesen. Das Mauerwerk hatte sich förmlich ausgebeult. Dies und die Tatsache, daß mächtige Orthostaten von 2 Meter Länge und 1 Meter Breite von ihrem Platz gerissen worden waren oder gänzlich verschwunden waren, ließ Marinatos an die Saugwirkung denken, welche die von Seebebenwellen an Land gepeitschten ungeheuren Wassermassen bei ihrem Zurückweichen ausüben. Darüber hinaus wies die Villa ausgedehnte Brandspuren auf. Auf den ersten Blick scheint dies mit Marinatos' Fluthypothese unvereinbar, doch konnte Marinatos darauf hinweisen, daß genau dasselbe auch im Fall der Krakatau-Katastrophe zu beobachten war. Er beruft sich dabei auf einen Bericht von Verbeek, wonach Häuser in Tyringen auf Java, zuerst von den Wogen überrannt, schließlich dennoch durch die Lampen in Brand gerieten, welche die Hausbewohner wegen der dichten Dunkelheit entzündet hatten, die ihrerseits eine Folge der Eruption war.«

Die Seebebenwogen im Zusammenhang mit der bronzezeitlichen Theraatastrophe müssen in der Tat von unvorstellbarer Gewalt gewesen sein. In den Veröffentlichungen der Griechischen Geologischen Gesellschaft, Jahrgänge 1959-1961, berichten die beiden griechischen Gelehrten G. Marinos und N. Melidonis von einer 5 Meter mächtigen Bimsschicht, die sie in einem Talkopf auf der 24 Kilometer östlich von Thera liegenden Insel Anáfi (Anaphe) gefunden hatten. Die Bimsschicht lag nicht weniger als 250 Meter über dem Meeresspiegel. Beide betrachteten diese Ablagerung als Hinterlassenschaft der ungeheuren Flutwelle, die nach der Vulkankatastrophe durch die Ägäis und das Kretische Meer raste. Diese Seebebenwoge konnte sehr wohl einen großen Teil der minoischen Paläste unter sich begraben, und aller Wahrscheinlichkeit nach geschah dies auch. So wäre die minoische Kultur vom Meer verschlungen worden, was den Vergleich mit dem angeblich ebenfalls untergegangenen Atlantis Platons nahelegt.

Doch auch an weiteren Wechselbeziehungen zwischen Platons Atlantis-Geschichte und der minoischen Welt fehlt es nicht. Drei davon finden sich im *Kritias*. Unter anderem ist darin die Rede von Zusammenkünften der zehn Atlanter-Könige. Ehe diese Gerichtstag halten, wird an, auf oder über einer Gesetzesstele ein Stier geschlachtet. Daran könnte dreierlei minoisch sein: der Stier, die Art, den Stier zu fangen, und schließlich die Stele selbst.

Stiere und minoische Kultur gehören untrennbar zusammen. Gebäude und Altäre Altkretas waren mit sogenannten Kulthörnern, stilisierten Stierhornnachbildungen, geschmückt. Der Sage nach schickte der Meergott Poseidon dem König Minos einen »Stier aus dem Meere«. Minos' Gattin Pasiphae verliebte sich in das kraftvolle Tier, und aus beider Verbindung ging das Mischwesen Minotauros hervor, halb Mensch, halb Stier. Es soll Menschen gefressen haben, und man stellte es sich vielleicht ganz ähnlich vor wie jene Stiermaskentänzer, deren Stierschädelmasken und Terrakottanachbildungen man vor nicht allzu langer Zeit auf Zypern ausgegraben hat. Im übrigen ist es Zweck jeden Kults, mit der Gottheit, die man verehrt, eins zu werden. Auf Stierkulte bezogen, bedeutet dies in der Regel, daß man das den Gott verkörpernde Tier tötet, dessen Fleisch ißt und sich dann den gehörnten Schädel als Maske überstülpt, wodurch man selbst zum Stier wird. Höchstwahrscheinlich haben die Minoer blutige Stieropfer dargebracht, wenn auch auf minoischen Wandfresken, die waghalsige Stierkämpfe zeigen, kein Stierblut fließt.

In Platons *Kritias* wird der Stier ausdrücklich »ohne Eisen, nur mit Stöcken und Schlingen« gefangen. Dies erinnert haargenau an zwei frühmykenische, noch stark minoisch beeinflußte Goldbecher aus dem Kuppelgrab von Vapheio bei Sparta, desgleichen an das massive Goldsiegel aus dem mykenischen Tholosgrab 2 in Rutsi bei Pylos in Messenien. Hier ist dargestellt, wie Rinder nur mit Stöcken und Schlingen beziehungsweise mit Netzen oder Stricken eingefangen werden.

Hinsichtlich der Gesetzesstele ist zu sagen, daß es bei den Minoern entgegen früheren, bis heute vorgetragenen Annahmen zwar keinen Säulenkult gab, Säulen in ihren religiösen Vorstellungen jedoch eine bedeutende Rolle spielten als Zeichen besonderer Heiligung eines Ortes durch eine Gottheit. Dazu paßt vortrefflich die Anbringung des heiligen Gesetzestextes der Atlanter an einer Säule.

Ein weiteres Bindeglied zwischen Platons Atlantis und der minoischen Welt ist ebenso allgemeiner Art wie der Untergang beider Kulturen im Meer, der erdichteten atlantischen und der tatsächlichen minoischen: Zwischen den Athenern und den Atlantern der Platonischen Dialoge gab es Krieg. Krieg gab es aber offenbar auch zwischen den »Urathenern« der Bronzezeit und dem Minoischen Reich. Jedenfalls scheint dies abermals in Sagen Niederschlag gefunden zu haben. Wie es heißt, soll König Minos' Sohn Androgeos in Attika ums Leben gekommen sein. Daraufhin habe Minos einen Feldzug gegen die Athener unternommen. Athen wurde besiegt und hatte fortan alljährlich dem Minotauros sieben junge Männer und sieben Mädchen zum Fraß zu schicken. Doch schließlich siegte, wie in Platons Atlantis-Erzählung, auch hier Athen: Theseus machte dem Spuk ein Ende. In der Wirklichkeit scheinen die achäischen, »mykenischen« Griechen nach dem Untergang der minoischen Paläste um 1500 v. Chr. gleichfalls die Oberhand gewonnen zu haben, denn die rein minoische Kultur trat nun zurück; dafür breitete sich die mykenische aus.

Soweit im Kern die »minoische Atlantis-Hypothese«. Selbstverständlich geht die Rechnung nicht glatt auf. Möglich, daß Platon irgendwelche entstellten Nachrichten über die altkretisch-minoische Kultur in seine Atlantis-Erzählung verwob. Nach wie vor aber bleibt bestehen, daß weder Orts- noch Zeitansatz übereinstimmen. Frost und Marinatos, die Hauptverfechter der Hypothese, »fanden, was sie kannten«. Frost stand unter dem noch frischen Eindruck der Ausgrabungen von Arthur Evans in Knossos, Marinatos führte selbst Forschungsarbeiten im Bereich der minoischen Kultur aus.

Eine ganz andere Idee hatte ein Nordseeanrainer: der Pastor Jürgen Spanuth aus Bordelum in Dithmarschen. Spanuth kannte Helgoland. Und er war Anhänger der von Oscar Montelius vorsichtig formulierten, dann aber von Gustaf Kossinna zum Evangelium erhobenen These, es habe bereits während der Bronzezeit im Küstengebiet der Nordsee Germanen gegeben. Also erklärte Jürgen Spanuth Platons Atlantis-Sage kurzerhand zu einer »Germania der Bronzezeit«, womit er auf die sehr viel spätere Schrift *Germania* des römischen Autors Tacitus anspielte.

Wie kam der Pastor aus Dithmarschen zu diesem kühnen Schluß? Nun, wie wir wissen, ist bei Platon davon die Rede, daß der griechische Staatsmann, Gesetzgeber und Dichter Solon einst in Ägypten war. Dies trifft wohl zu; für gewöhnlich verlegt man Solons Reise in die Zeit um 590 v. Chr. In Ägypten sei Solon mit Priestern ins Gespräch gekommen, mit denen er sich über die Vergangenheit unterhalten habe. Solons Gesprächspartner hätten die Ansicht geäußert, daß Kulturen periodisch entstünden und durch Katastrophen wieder untergingen. Die Griechen verfügten noch nicht sonderlich lange über Schriftkenntnisse; daher besaßen sie keine so alten Aufzeichnungen wie die Ägypter. Solon muß sich daraufhin über die Vorgeschichte seiner eigenen

Heimatstadt Athen belehren lassen und erfährt von dem angeblichen Kriegszug der Atlanter, der neuntausend Jahre vor Solons Lebenszeit stattgefunden habe. Mit dieser Zeitspanne konnte zwar auch Spanuth nichts anfangen. Doch folgerte er: Vorausgesetzt, Solon war wirklich in Ägypten, sprach dort mit Priestern über die Vergangenheit, und diese erzählten ihm von einer großen Invasion, die vor langer Zeit stattfand – konnten sie damit nicht die Invasion der sogenannten Seevölker gemeint haben? Diese Seevölkerinvasion fand tatsächlich in der späten Bronzezeit statt. Sie wurde von den Pharaonen Merneptah (1213-1204 v. Chr.; Datierung nach Rolf Krauss) und Ramses III. (1187-1162 v. Chr.; Datierung nach Rolf Krauss) blutig zurückgeschlagen. Angeblich drangen die Atlanter durch Libyen bis nach Ägypten vor. In der Tat mischten Libyer auch beim Seevölkersturm mit. Von jener Invasion und dem Doppelsieg der Ägypter gibt es noch heute sichtbare Zeugnisse; es sind dies insbesondere die Siegesreliefs im Totentempel Ramses' III. zu Medinet Habu (Theben-West). Waren das jene »Aufzeichnungen«, von denen man um 590 v. Chr. Solon und später, um 300 v. Chr., auch Krantor von Soloi erzählte? So weit, so gut.

Doch Spanuth, auf die von Kossinna zur Gewißheit beförderte Vermutung des Schweden Montelius eingeschworen, ging viel weiter. Für ihn lag die Heimat der »Seevölker« mitten in der Nordsee, und zwar deshalb, weil die Ägypter jene Völker als »Nordmeervölker« bezeichnet hatten. Spanuth drehte nur ein wenig daran, und schon wurden »Nordseevölker« daraus. Ein Glück, daß die Ägypter im 12. Jahrhundert v. Chr. den heutigen Namen Nordsee schon kannten! Immerhin hat man auf dem Nordseegrund bei Helgoland Besiedlungsspuren gefunden, die keinen Zweifel daran lassen, daß hier Land vom Meer verschlungen worden ist. Dies widerspricht nicht der oben getroffenen Feststellung, daß der atlantische Meeresboden kein trockenes Land gewesen sein kann, das um das Jahr 9600 v. Chr. ein »Atlantis« beherbergt hätte. Die Feststellung gilt nur für den Grund des Atlantiks. Der Nordseeboden gehört indes zum Festlandschelf Europas; er bildet einen unterseeischen Kontinentalsockel.

Hiervon ausgehend suchte Spanuth zu beweisen, daß die untergegangene Siedlung vor Helgoland Platons Atlantis war. Im Folgenden soll gezeigt werden, wie er dabei vorging. Beispielsweise ist im Atlantis-Bericht des Athener Philosophen von gewissen Riten im Zusammenhang mit einer Säule, der mehrmals erwähnten Gesetzesstele, die Rede. Diese Gesetzesstele spielte, wie wir sahen, auch bei der »minoischen Atlantis-Hypothese« eine Rolle. Spanuth ließ sich durch diese Säule geradewegs in den germanischen Siedlungsraum führen. Er beruft sich auf ein frühmittelalterliches Zeugnis, eine Angabe des 865 gestorbenen Mönchs Rudolf von Fulda, in der von einem sächsischen Heiligtum, der Irminsäule (Irminsul), die Rede ist. Karl der Große hatte das Heiligtum 772 nach Einnahme der Eresburg in Westfalen zerstört. Nach Spanuths Deutung hatten die Irminsäule der Sachsen und die Gesetzesstele der »Atlanter« unmittelbar miteinander zu tun. Des weiteren folgerte der altertumskundliche Pastor, die Stele müsse einer »Weltachsengottheit« geweiht gewesen sein, da sie sich laut Platon im Mittelpunkt einer von konzentrischen Kanälen umgebenen Insel erhoben habe. Dementsprechend stand es für ihn außer Zweifel, daß die Wasserringe, die die Insel umgaben, »den Sonnenlauf darstellen«. Wie bei Platon ferner zu lesen, mußte vor Beginn des Gerichtstages in Atlantis ein Stier geopfert werden, dessen Blut dann über den heiligen Text der Gesetzesstele rann. Daraus schloß Spanuth, daß die Gesetzesstele »an ihrem oberen Ende weit ausladende Arme gehabt haben muß«. Die Form der Säule wollte er »wiedererkannt« haben in der Dekoration eines mit einem Volutenmotiv geschmückten Philisternapfes, die in einer abermals mittelalterlichen Abbildung an den Externsteinen bei Detmold eine gewisse Entsprechung hat.

Dieser gesamte Säulensalat war für Spanuth äußerst wichtig, weil die Bibel (1. Mos. 10,14; Amos 9,7; Jeremia 47,4) ein Land namens Kaphtor als Heimat der Philister bezeichnet, »Kaphtor« aber im Hebräischen zufällig auch »Kapitell« bedeutet, was Luther als »Säulenknauf« übersetzt hat. Für Spanuth sind daher die Philister kurzerhand ein »Säulenvolk« und demzufolge »Atlanter« – Leute von der Himmelssäulen-Insel des Riesen Atlas der griechischen Sage und damit Bronzezeit-»Germanen« aus dem Seegebiet um Helgoland, denn gemäß Rudolf von Fulda hatten ja auch die Germanen ihrer heilige Säule!

Man muß sich einmal klarmachen, welchen methodischen Unfug Spanuth hier treibt und wie wild er mit Begriffen und Daten um sich wirft. Um zu »beweisen«, daß Säulenkult und Philister aus dem nachmals nordgermanischen Raum kamen, führt er altägyptische Dokumente aus der Zeit um 1600 v. Chr. an und beruft sich dann auf die Bibel, die im Zusammenhang mit Ereignissen des 12. Jahrhunderts v. Chr. tausend Jahre später von »Kaphtor« und »Kaphtoritern« spricht. Weitere Quellen, die er anführt, stammen aus dem 1. und dem 2. Jahrhundert unserer Zeitrechnung, darunter Tacitus' *Germania*. Sein Hauptzeuge schließlich, der Mönch Rudolf von Fulda, lebte im 9. Jahrhundert, also im Mittelalter. Wohlgemerkt, Spanuth will damit nicht dartun, der von ihm angenommene Säulenkult habe seinen Ursprung in Altägypten oder im alten Orient gehabt und sei bis zu den frühmittelalterlichen Germanen vorgedrungen. Seine These besagt vielmehr, daß der Kult von sehr frühen Germanen ausgegangen sei und sich bis in die genannte Gegend des Morgenlandes ausgebreitet habe. Nun, selbstverständlich sei es Spanuth anheimgestellt, Gemeinsamkeiten aufgrund von Quellen zu konstruieren, von denen keineswegs sicher ist, daß sie dasselbe meinen, und die nicht nur Jahrhunderte, sondern Jahrtausende auseinanderliegen. Festzuhalten bleibt dabei, daß er sich auf dem Boden der schieren Spekulation bewegt, sosehr er, darin ganz seinem Vorbild Kossinna ähnlich, sich auch bemüht, Vermutungen als gesicherte, unzweifelhafte Tatsachen auszugeben.

Um kein Haar besser verhält es sich mit den zahllosen anderen Atlantis-Ansätzen von Ceylon bis Island. Sie alle beruhen auf dem methodologisch unzulässigen Prinzip, bloße Vermutungen übereinanderzutürmen. Atlantis ist eben ein Tummelplatz für Steckenpferdarchäologen. Doch je mehr Örtlichkeiten und Ereignisse sich aufzeigen lassen, die irgendwie mit Atlantis zu tun haben könnten, desto mehr erhärtet sich der Verdacht, daß es das *eine* Atlantis nie gegeben hat. Vielmehr scheint es: Atlantis war überall und nirgendwo. Aber gerade das ist ja für Sagen und Märchen so charakteristisch, daß sie viele Wahrheiten enthalten, ohne dem Buchstaben nach wahr zu sein. So kann man deutend an »Atlantis« herantragen, was man kennt, wird seine Ansichten immer wieder bestätigt finden und mag dann voller Stolz den Anspruch erheben, das Problem Atlantis ein für allemal gelöst zu haben. In Wirklichkeit vernimmt man nur das Echo der eigenen Werdarufe. Wie man in den Wald hineinruft, so schallt es heraus.

Streik vor dreitausend Jahren

Bertolt Brecht legt einem »lesenden Arbeiter« die Frage in den Mund: »Wer baute das siebentorige Theben? In den Büchern stehen die Namen von Königen. Haben die Könige die Felsbrocken herbeigeschleppt?« Selbstverständlich taten die Könige dergleichen nicht, und dennoch sind die Geschichtsbücher voll von *ihren* Namen, während die Arbeiter, die für sie die Steine brachen, Lehmziegel formten, Mauern errichteten, Balken und Bretter schnitten, Wände tünchten und kostbares Mobiliar schufen, ungenannt bleiben. Daß dies so ist, hängt gewiß auch damit zusammen, daß die Geschichtsschreiber ein gebildetes oder sich zumindest als »gebildet« verstehendes Publikum im Auge hatten, das sich mehr für die Mächtigen und ihr Umfeld interessierte als für die »kleinen Leute«, die von jeher die Maschinerie der Staaten und Reiche in Gang gehalten haben, deren Namen indes nur selten überliefert sind.

Eine der Ausnahmen ist aus Altägypten zu vermelden. Hier wurden auf den farbigen Wandreliefs der Gräber von Pharaonen, von Fürsten und Würdenträgern beiderlei Geschlechts arbeitende Menschen bei ihrer Tätigkeit abgebildet. Im künstlichen Licht unter Tage sieht der Besucher Bauern und ihre

Knechte, Winzer, Handwerker, Beamte, Schreiber, Musikanten, Tänzerinnen, Künstler, Leute, die Feste feiern, Mahlzeiten einnehmen, Bier trinken, Geselligkeit pflegen, sich mit Brettspielen die Zeit vertreiben. Die Untertanen der vergötterten Könige stehen uns Heutigen entschieden näher als die Angehörigen der dünnen Oberschicht jener fernen Zeit. Freilich erhebt sich die Frage, ob diese so lebensnah anmutenden Wandbilder der zeitgenössischen Wirklichkeit entsprechen. Sie hatten ja mit dem Kult der toten Herrscher und Aristokraten zu tun, die hier bestattet waren. Gemäß den altägyptischen Jenseitsbegriffen sollten sie ein Stück Alltag vergegenwärtigen, das der Verstorbene gleichsam mit ins Totenreich nahm, um dort ein Leben führen zu können, das seinem früheren Erdendasein in nichts nachstand. Unter solchen Umständen könnten die vielen »Szenen aus dem Alltag« idealisiert sein. Gaben sie vielleicht eher Wunschvorstellungen von einem idealen, harmonischen Erdendasein Ausdruck als der platten Realität, die ganz anders ausgesehen haben mochte – weniger heiter, weniger harmonisch, konfliktreicher und viel chaotischer?

Zum Glück wissen wir heute mehr über die damalige Realität. Dieses unser Wissen verdanken wir Generationen altägyptischer Schreiber sowie einigen modernen Gelehrten, die sich die Mühe machten, all das zu entziffern, zu übersetzen und zu deuten, was die Schreiber an Aufzeichnungen der Nachwelt hinterließen.

Eine ganz besondere Rolle spielen dabei die Funde aus einem altägyptischen Dorf an der Peripherie von Theben-West in Oberägypten. Es trägt heute den arabischen Namen Deir el-Medine, was soviel wie »Stadtkloster« bedeutet und auf ein längst untergegangenes koptisch-christliches Kloster verweist. In Deir el-Medine erfahren wir sozusagen aus erster Hand, was Bewohner Altägyptens, die von ihrer Hände Arbeit lebten, dachten und empfanden, wovor sie Angst hatten und wofür sie beteten, wovon sie träumten, wie sie sich stritten und sich vertrugen, wie sie liebten und worum sie trauerten, wie sie Feste feierten und darbten, wie sie sich kleideten, weswegen und wie oft sie ihrer Arbeit fernblieben, welche Tagesleistungen sie erbrachten und wieviel Ausschuß sie dabei produzierten.

Dies alles und vieles mehr hatten die Schreiber mit minuziöser Genauigkeit aufgezeichnet. Als Schriftträger dienten ihnen Felswände, Papyri, besonders aber flache Kalksteintäfelchen, Splitter mächtiger Kalksteinblöcke; auf ihnen hielten sie fest, was ihnen entweder von Amts wegen festzuhalten oblag oder was sie sonst des Festhaltens für wert hielten.

Mit dieser Hinterlassenschaft beschäftigten sich in der Neuzeit namentlich drei Ägyptologen: der in Großbritannien tätige gebürtige Tscheche Jaroslav Černý, sein britischer Kollege Alan Gardiner und der Franzose Bernard Bruyère. Sie fanden in Deir el-Medine einen wahren Schatz von Informationen über das tägliche Leben und Treiben im alten Ägypten. Daß die Schreiber gerade an diesem Platz so gründlich zu Werke gingen, lag an dessen besonderer Bedeutung, befand sich doch hier während der späten Pharaonenzeit eine »Arbeitersiedlung«, in der hochqualififzierte Künstler-Handwerker lebten. Sie hatten die Gräber im nahen »Tal der Könige« auszuheben, sie künstlerisch auszugestalten und nötigenfalls instandzusetzen. Damit erfüllten sie eine wichtige Aufgabe, denn nach dem gängigen Jenseitsglauben schweifte der Geist eines toten Pharaos ruhelos durch die Wüste und brachte dem ganzen Volk Gefahr, wenn der dahingeschiedene Herrscher nicht ordnungsgemäß bestattet war. Aus demselben Grund mußten die Gräber mit bestimmten Textfolgen und Bilderprogrammen ausgestattet sein, damit die Toten den Fährnissen der Unterwelt entgingen. Dies galt eigentlich für jedes Grab, doch konnten sich nur Herrscher und hohe Beamte einen derartigen Aufwand leisten. Gewöhnliche Verstorbene mußten sich mit Amuletten begnügen, die man ihnen mitgab.

Jedenfalls lastete auf den königlichen Grabmachern eine beträchtliche Verantwortung. Dem entsprach das Interesse, das man ihnen höheren Orts entgegenbrachte. So hatten die Schreiber im Dorf alles aufzuzeichnen, was vorfiel, ganz abgesehen davon, daß im Zusammenhang mit bestimmten Ereignissen wie Eheschließungen, Scheidungen, Geschäftsabschlüssen und dergleichen ohnehin Urkunden auszustellen waren. Manche Schreiber verewigten sich auch an den Wänden der Felsen ringsum; beispielsweise brachten sie ihren Stolz über ihre berufliche Karriere zum Ausdruck. Deshalb kennen wir paradoxerweise mehr Einzelheiten aus dem Leben dieser Gräbermacher als aus dem ihrer königlichen Auftraggeber, über die nur klischeehafte offizielle Verlautbarungen vorliegen. Unter anderem brachten die pedantischen Aufzeichnungen der unermüdlichen Schreiber folgendes ans Licht: Schon vor rund dreitausend Jahren gab es Streiks!

Das paßt eigentlich gar nicht so recht zu unseren vorgefaßten Meinungen über das politische Klima im alten Ägypten. Der Streik als Waffe im Arbeitskampf, in freiheitlichen Rechtsstaaten vom Gesetz ausdrücklich anerkannt, ist uns eine geläufige Vorstellung. Nichtsdestoweniger gibt es eine Anzahl von Ländern, in denen Streiks verboten sind oder doch solche Repressalien nach sich ziehen, daß dies einem Verbot gleichkommt. Und nun soll es schon im autokratischen Ägypten der Pharaonen möglich gewesen sein, sich dieser Waffe zu bedienen, und zwar, wie wir sehen werden, mit Erfolg!

Bei den Arbeitsniederlegungen im »Tal der Könige« handelte es sich auf den ersten Blick um »klassische« Lohnstreiks. Dahinter stand jedoch mehr als nur die Forderung nach Erhalt des vollen Lohns, der in Naturalien, vor allem in Getreide, ausgezahlt zu werden pflegte. Die gesamten Zukunftsperspektiven der Gräbermacher hatten sich verschlechtert. Seit Ramses III. (1187-1156 v. Chr.; Datierung nach Rolf Krauss) war Theben keine königliche Residenz mehr. So sank die Stadt allmählich in provinzielle Bedeutungslosigkeit ab, und die an den Königsgräbern Beschäftigten fühlten sich immer mehr ins Abseits gedrängt. Tatsächlich erwiesen sich ihre Befürchtungen als berechtigt, denn die Naturalienlieferungen aus den großen Königstotentempeln am Westufer des Nils kamen ins Stocken. Zwar litten die Gräbermacher zunächst noch keine Not. Doch ein Alarmsignal war gegeben. Die Ängste der Künstler-Handwerker und ihrer Familien schildert ein bewegender Brief, den ein gewisser Neferhotpe aus dem Dorf der Gräbermacher im fünfundzwanzigsten Regierungsjahr Ramses' III. an den königlichen Wesir To schrieb.

Es sollten indessen vier Jahre vergehen, bis die werktätigen Dörfler, des Hingehaltenwerdens müde, endlich die Arbeit niederlegten, sich geschlossen von ihrer Arbeitsstätte entfernten und zu den Totentempeln zogen, um ihren Lohn einzufordern. Diese Tempel dienten also neben sakralen auch höchst profanen Zwecken. Sie waren Verwaltungszentren und wichtige Warenumschlagplätze, wo diejenigen, die selbst keine Nahrung herstellten, ihren Anteil an der Lebensmittelproduktion des Landes erhielten. Hier, in den biblischen »Kornkammern des Pharaos«, wurde unter anderem Getreide für Notzeiten gespeichert. Außerdem waren den Tempeln Betriebe angeschlossen, welche die eingelagerten Naturalien verarbeiteten.

Deshalb marschierten die streikenden Gräbermacher nun zu den königlichen Totentempeln, von denen einer für sie »zuständig« war. Doch nicht um ihn zu stürmen kamen sie, sondern um »Flagge zu zeigen«. In dieser Absicht griffen sie zu einer Maßnahme, die ausgesprochen modern anmutet: Sie unternahmen eine Sitzblockade. Im Verein saßen sie einfach vor dem Tempel herum, anstatt zu arbeiten, und drückten so ihren Unmut aus. Am Abend kehrten die Streikenden wieder nach Hause zurück.

Tags darauf gingen sie wieder zu ihrer Arbeitsstätte ins »Tal der Könige«, doch abermals nicht um zu arbeiten, sondern um sich erneut in geschlossenem Zug zu den Königstotentempeln zu begeben.

Diesmal besetzten sie das Getreidemagazin des Tempels von Ramses II., und der mit den Streikenden sympathisierende Polizeiobere des Dorfes, Mentmose, zitierte den Bürgermeister von Theben-Ost herbei. Wie die Sache ausging, wissen wir leider nicht, denn der Papyrus, der die Ereignisse schildert, ist an der entscheidenden Stelle zerstört. Viel aber scheint die Vorladung des Bürgermeisters nicht bewirkt zu haben, denn die Besetzung des Kornspeichers dauerte an. Auch die Nacht über blieb man nun in dem besetzten Tempel und diskutierte. Erst am nächsten Morgen erschienen endlich die Tempelpriester auf der Bildfläche und fragten die Streikenden nach ihren Sorgen und Nöten. Tatsächlich erhielten die Gräbermacher nun alsbald den ihnen so lange vorenthaltenen Lohn und gingen wieder an ihre Arbeit, obwohl Polizeichef Mentmose sie beschwor, den Kampf fortzusetzen, um noch günstigere Bedingungen auszuhandeln.

So endete der erste uns bekannte Streik der Weltgeschichte. Bald indessen gab es im Gräbermacherdorf neue Anlässe zur Unzufriedenheit. Und da sich der Streik als Kampfmethode bewährt hatte, legte man wiederum die Arbeit nieder. Es kam zu Protestmärschen und regelrechten Kundgebungen. Auch jetzt versuchten die Verantwortlichen, die Streikenden zu beschwichtigen, sie hinzuhalten und zu übertölpeln. Doch schließlich hatten zwei als Wortführer auftretende Vorarbeiter eine zündende Idee: Sie erinnerten ihre Gesprächspartner, die Vertreter der Obrigkeit, an gewisse Unregelmäßigkeiten, die im »Tal der Könige« geschehen und in die hohe Beamte verwickelt gewesen waren. Es ging dabei um Grabschändung und Grabraub. Die Königsgräber waren ja randvoll mit Kostbarkeiten angefüllt, und die Versuchung war groß, an sie heranzukommen, um sich zu bereichern. Man konnte schon während der Beisetzungsfeierlichkeiten für den toten Herrscher wertvolle Grabbeigaben unterschlagen. Noch öfter aber geschah es, daß der Inhalt der unterirdischen Totenkammern durch Raubstollen »angezapft« wurde. Nach den altägyptischen Vorstellungen war dies weit schlimmer als nur Diebstahl und Plünderung: Die Eindringlinge störten die Totenruhe, und die Geister der Könige würden sich dafür an den Lebenden rächen. Deshalb gab es im »Tal der Könige« strenge Kontrollen, und jeder war gehalten, die kleinste Unregelmäßigkeit, die ihm auffiel, sofort zu melden. Wenn jedoch hohe Beamte, die über die Mittel verfügten, Untergebene teils durch Bestechung, teils durch Druck zum Schweigen zu bringen, in die Räubereien verwickelt waren, sah die Sache anders aus.

Dies kam den Arbeitern in ihrer Streiksituation jetzt zugute. Denn ihre Vorarbeiter hatten nicht nur überall ihre Augen und Ohren, sondern einige von ihnen waren, wie sich später herausstellte, selber in Diebereien und Hehlereien im »Tal der Könige« verwickelt. So konnten sie nun, als es um die berechtigten Lohnforderungen der Gräbermacher ging, gehörig Druck auf die Obrigkeit ausüben. Das wirkte, hatte doch niemand ein Interesse daran, das, was sich insgeheim um die Pharaonengräber abspielte, an die Öffentlichkeit dringen zu lassen. Mit einemmal gab es wieder die vollen Getreiderationen, und zwar pünktlich. Die Angst, entlarvt zu werden, hatte die Vertreter der Behörden weichgemacht. Die Streikenden hatten gesiegt – damals, vor dreitausend Jahren!

Archäologie als Spiegel der Gegenwart – einmal anders. Hier ist die Parallele zu ziehen zwischen den Vorgängen im alten Ägypten und dem, was heute in der westlichen Welt an der Tagesordnung ist, sobald die Interessen der abhängigen Lohn- und Gehaltsempfänger und die der Arbeitgeber nicht unter einen Hut zu bringen sind. Den Aha-Effekt erlebt nun der betrachtende, vergleichende Zeitgenosse, der bei seiner Geschichtslektüre plötzlich auf Sachverhalte stößt, die ihm so sehr aus der Aktualität vertraut sind, daß er sie für Kennzeichen der Moderne hält. Er kennt schon, was er findet . . .

Das Interesse daran, wie einfache Leute einst lebten, hat sich übrigens in dem Maße entwickelt, wie vom späten 18. Jahrhundert an soziale Bewegungen und ihre wissenschaftliche Darstellung aufkamen. Ein geschärftes Bewußtsein für derzeitige Probleme und Ereignisse hat den archäologischen und historischen Blick für Entsprechungen in früheren Zeiten geschult, deren Bedeutung ohne eine solche Gegenwartserfahrung verkannt oder doch anders interpretiert worden wäre. Als Arthur Evans auf Kreta Objekte aus minoischer Zeit zutage förderte, die wie Badewannen aussahen und vielleicht sogar Badewannen waren, brachte er sie unbewußt mit dem Umstand in Verbindung, daß im viktorianischen England die Badezimmerkultur gerade in Mode kam. Ohne den damaligen zivilisatorischen Entwicklungsstand in seiner Heimat hätte er seine Funde vermutlich anders gedeutet; möglicherweise wäre er gleich seinem archäologiebegeisterten Nachfahren Hans Georg Wunderlich auf das Urteil »wannenförmige Sarkophage« verfallen. Und daß man die in der Kleinen Feldhofer Grotte nahe dem rheinischen Mettmann ans Licht gekommenen Knochen als Skelettreste eines bis dahin fremden Menschentyps erkannte, war nur der Tatsache zu verdanken, daß in jenen Tagen die Frage nach der »Mensch-Werdung« den Gelehrten auf den Nägeln brannte.

Wann immer Forscher Entdeckungen machen und diese aufgrund der Gegebenheiten, die sie in ihre Arbeit einbringen, geschichtlich bewerten, sind sie geneigt, ihre eigene Zeitbezogenheit auf das Vorgefundene, also die Vergangenheit, zu projizieren. Ob sie mit ihren Deutungsversuchen recht behalten, hängt weitgehend vom Zufall ab. Insofern mag man dann auch einen Erich von Däniken gelten lassen, der mit seinen aberwitzigen Spekulationen der seriösen Archäologie einen Narrenspiegel vorhält. Denn längst ist die Altertumswissenschaft, wie wir aufzuzeigen versuchten, keine Schatzgräberei und keine Raritätensammelei mehr. Sie erhellt nicht nur, um mit Leopold von Ranke zu sprechen, »wie es einst gewesen«, sondern spiegelt stets auch die Zeitläufe wider, in denen sie betrieben wird – heute ebenso wie im 19. Jahrhundert, dem Jahrhundert der grabenden, von fixen Ideen angetriebenen »Pioniere«.

Literaturverzeichnis

Die nachfolgend genannten Bücher, Zeitschriften und Aufsätze stellen eine Auswahl aus den Veröffentlichungen dar, die der Verfasser herangezogen hat. Viele von ihnen enthalten eine ausführliche Bibliographie, die den Leser weiterführt. Einige der aufgezählten Arbeiten haben nur am Rande mit dem Thema des vorliegenden Buches zu tun, vermitteln aber andererseits aufschlußreiche archäologische Erkenntnisse sowie Einblicke in neue archäologische Forschungsmethoden.

Andreae, Bernard (Hg.) *Archäologie und Gesellschaft. Forschung und öffentliches Interesse (Marburger Forum Philippinum* 13, 1980). Stuttgart/Frankfurt am Main 1981

Andree, Christian *Rudolf Virchow als Prähistoriker.* 2 Bde. Bd. 1: *Virchow als Begründer der neueren deutschen Ur- und Frühgeschichtswissenschaft* (Diss. Köln 1973). Bd. 2: *Briefe Virchows und seiner Zeitgenossen*. Köln 1976.

Arnold, Lutz/Böll, Heinrich†/Grass, Günter / andere (Hg.) »Geschichte als Identitätskrücke?« In *L '80 Zeitschrift für Politik und Literatur,* Heft 39.

Köln/Berlin, September 1986.
ARNOLD, VOLKER/BUSCH, RALF/HOIKA, JÜRGEN (Hg.) *Informationsblätter zu Nachbarwissenschaften der Ur- und Frühgeschichte (Schriften des Schleswiger Kreises).* Göttingen/Bonn 1970.
BINFORD, LEWIS RICHARD *Die Vorzeit war ganz anders. Methoden und Ergebnisse der Neuen Archäologie.* München 1984.
BOSINSKI, GERHARD »Der steinzeitliche Fundplatz Gönnersdorf«. In *DuMont's Geschichte der frühen Kulturen der Welt.* Köln 1975.
– *Der Neandertaler und seine Zeit (Kunst und Altertum am Rhein* 118). Köln 1985
BRAY, WARWICK/TRUMP DAVID (Hg.) *Lexikon der Archäologie.* München 1973
BRUNN, WILHELM ALBERT VON *Bronzezeitliche Hortfunde.* Teil 1: *Die Hortfunde der frühen Bronzezeit aus Sachsen-Anhalt, Sachsen und Thüringen* (Deutsche Akademie der Wissenschaften, *Schriften der Sektion für Vor- und Frühgeschichte,* Bd. 7). Berlin 1959
CERAM, C. W. *Götter, Gräber und Gelehrte. Roman der Archäologie.* Reinbek 1972
CHAMPION, SARA *DuMont's Lexikon der archäologischen Fachbegriffe und Techniken* (DuMont-Taschenbücher 116). Aus dem Englischen und mit Ergänzungen von Joachim Rehork. Köln 1982.
COLES, JOHN MORTON *Erlebte Steinzeit. Experimentelle Archäologie.* München 1976
DANIEL, GLYN *Geschichte der Archäologie.* Bergisch Gladbach 1982
– (Hg.) *Lübbes Enzyklopädie der Archäologie.* Bergisch Gladbach 1980.

Deutscher Archäologenverband (Hg.) »Archäologie und Öffentlichkeit«, Referate zum Thema Archäologie und Öffentlichkeit, gehalten auf der 2. Ordentlichen Mitgliederversammlung des DAV. In *Mitteilungen des Deutschen Archäologenverbandes,* Beilage zu Heft 3/1972.

Döbler, Hansferdinand *Die Germanen, Legende und Wirklichkeit von A–Z. Ein Lexikon zur europäischen Frühgeschichte.* Gütersloh 1975.

Eggers, Hans Jürgen *Einführung in die Vorgeschichte* (Serie Piper 93). 3. Aufl. München 1986.

Elbe, Joachim von *Unser römisches Erbe (Deutschland – das unbekannte Land* Bd.1). Frankfurt am Main 1985.

Fischer-Fabian, Siegfried *Die ersten Deutschen. Der Bericht über das rätselhafte Volk der Germanen.* Sonderausgabe. Locarno 1975.

Gebühr, Michael »Das Kindergrab von Windeby. Versuch einer Rehabilitation«. In *Offa* 36/1979 (1981).

Geschichte im Sachbuch. Rudolf Pörtner zum 65. Geburtstag. Düsseldorf/Wien 1977.

Grüner, Oskar »Die ›Moorleiche‹ von Windeby. Ein rechtsmedizinischer Beitrag«. In *Offa* 36/1979 (1981).

Hiltner, Gerhard *Rudolf Virchow. Ein weltgeschichtlicher Brennpunkt im Werdegang von Naturwissenschaft und Medizin (Menschenwesen und Heilkunst* 10). Stuttgart 1970.

Horwitz, Silvia L. *Knossos. Sir Arthur Evans auf den Spuren des Königs Minos.* Bergisch Gladbach 1983.

Hrouda, Barthel (Hg.) *Methoden der Archäologie.* München 1978.

IHM, PETER/LÜNING, JENS/ZIMMERMANN, ANDREAS (Hg.) *Statistik in der Archäologie. Probleme der Anwendung, allgemeine Methoden, Seriation und Klassifikation* (*Archaeo-Physika* 9). 1978

KELLER, WERNER *Und die Bibel hat doch recht. Forscher beweisen die historische Wahrheit*. Revidierte Neuausgabe. Bearbeitung und Nachwort von Joachim Rehork. Düsseldorf/Wien 1978.

KOSSINNA, GUSTAF *Der germanische Goldreichtum in der Bronzezeit I. Der Goldfund vom Messingwerk bei Eberswalde und die goldenen Kultgefäße der Germanen* (*Mannus-Bibliothek* 12). Würzburg 1913.

KÜHN, HERBERT »Däniken und die Vorgeschichte«. In KHUON, ERNST VON (Hg.) *Waren die Götter Astronauten? Wissenschaftler diskutieren die Thesen Erich von Dänikens*. Düsseldorf/Wien 1970.

LORENZEN, HARALD (Hg.) »Paläo-Ethnobotanik«. In *Berichte der Deutschen Botanischen Gesellschaft* 91, 1. Stuttgart 1978.

LUCE, JOHN VICTOR *Atlantis – Legende und Wirklichkeit* (in der Reihe »Neue Entdeckungen der Archäologie«). Bergisch Gladbach 1969

– *Archäologie auf den Spuren Homers*. Bergisch Gladbach 1975.

MARINATOS, SPYRIDON *Kreta, Thera und das mykenische Hellas* 2., überarbeitete und erweiterte Aufl. München 1973.

MEYER, ERNST *Heinrich Schliemann, Kaufmann und Forscher*, Göttingen 1969.

MÜLLER, ADRIAAN VON *Jahrtausende unter dem Pflaster von Berlin. Ausgrabungen zwischen Tegel und Nikolassee*. München 1973

– *Die Archäologie Berlins von der Eiszeit bis zur mittel-*

alterlichen Stadt. Bergisch Gladbach 1986.
REHORK, JOACHIM »Archäologie im Sachbuch von heute«. Referat auf der 5. Ordentlichen Mitgliederversammlung des Deutschen Archäologenverbandes (unveröffentlichtes Manuskript)
– *Faszinierende Funde – Archäologie heute*. Bergisch Gladbach 1971
– *Archäologie und biblisches Leben*. Bergisch Gladbach 1972
– *Der Jüngste Tag blieb aus. Untergang und Neubeginn in der Geschichte*. Düsseldorf 1977
– *Unsere Urzeitzeugen (Deutschland – das unbekannte Land* Bd. 2) Frankfurt am Main 1985
– *Unsere Kaiserpfalzen (Deutschland – das unbekannte Land* Bd. 3) Frankfurt am Main 1985.
REINEKING VON BOCK, GISELA (Bearb.) *Bäder, Duft und Seife. Kulturgeschichte der Hygiene* (Katalog zur Ausstellung des Kunstgewerbemuseums der Stadt Köln 1976). Köln 1976.
RIEDERER, JOSEF/ROHR, ALHEIDIS VON (Hg.) *Kunst unter Mikroskop und Sonde. Ausstellungshandbuch der Staatlichen Museen Preußischer Kulturbesitz*. Berlin 1973
– *Kunstwerke chemisch betrachtet. Materialien, Analysen, Altersbestimmung*. Berlin/Heidelberg/New York 1981. Dazu die Rezensionen von WALTER H. HENNICKE, in *Ceramic Forum International* und HEINZ KNOLL in *Naturwissenschaften*, beide 1982
ROMER, JOHN *Sie schufen die Königsgräber. Die Geschichte einer altägyptischen Arbeitersiedlung*. Ismaning 1986.
RÖMISCH-GERMANISCHES ZENTRALMUSEUM IN MAINZ (Hg.) *Technische Beiträge zur Archäologie* 1. Mainz

1959.
SCHLIEMANN, HEINRICH *Die Goldschätze der Antike* (in der Reihe »Die großen Abenteurer des 19. Jahrhunderts in Selbstzeugnissen«). Herausgegeben und kommentiert von KURT BENESCH. Gütersloh 1978
– *Selbstbiographie*. Bis zu seinem Tode vervollständigt. Herausgegeben von SOPHIE SCHLIEMANN. 9. Aufl., neu bearbeitet und mit einem Nachwort herausgegeben von ERNST MEYER. Wiesbaden 1961
SCHNEIDER, GERWULF »Anwendung quantitativer Materialanalysen auf Herkunftsbestimmungen antiker Keramik«. In *Berliner Beiträge zur Archäometrie* 3/1975
SCHUCHHARDT, CARL *Der Goldfund vom Messingwerk bei Eberswalde*. Herausgegeben im Auftrag des Generaldirektors der Königlichen Museen. Berlin 1914.
SCHWARZ, GEORG THEODOR *Archäologen an der Arbeit. Neue Wege zur Erforschung der Antike*. Bern/München 1965
– *Archäologische Feldmethode (Field Archaeology). Anleitung für Heimatforscher, Sammler und angehende Archäologen*. Thun/München 1967.
WUNDERLICH, HANS GEORG *Wohin der Stier Europa trug. Kretas Geheimnis und das Erwachen des Abendlandes*. Reinbek 1979.
ZAHN, JOACHIM *Nichts Neues mehr seit Babylon. Kulturgeschichtliches und Technisches aus fünf Jahrtausenden*. Hamburg 1979.

Namenregister

Das Register enthält Namen aller genannten historischen und biblischen Personen sowie mythologischen Gestalten.

Bildnachweis:

Archiv für Kunst und Geschichte, Berlin: Seite 5; Bildarchiv Preußischer Kulturbesitz, Berlin: Seiten 1, 2, 3, 6, 8, 12, 16; Institut für Ur- und Frühgeschichte der Universität Köln, Forschungsunternehmen Aldenhovener Platte: Seite 11; Novalis Verlag, Schaffhausen/Schweiz: Seite 14 unten (aus Hans Gsänger *Die Externsteine,* 4. Aufl. 1985); privat: Seiten 4, 7, 9, 13 (nach John Victor Luce *Atlantis,* Bergisch Gladbach 1969), 14 oben, 15.

Geschichte

Als Band mit der Bestellnummer 64065 erschien:

- Ein Werk, das über die Fülle griechischen Lebens berichtet und schnelles Nachschlagen ermöglicht.
- Ein enzyklopädisches Sachbuch, von einem Team versierter Fachleute erstellt.
- Die 4000jährige Geschichte eines großen Volkes von den Anfängen bis zur römischen Herrschaft.

Lexikon und Lesebuch zugleich

BASTEI LÜBBE